编委会

主 编
单 辉　朱进学

副主编
杨奇晓　石宗礼　牛锦凤　康晓兰　赵甲强　王俊琴

参编人员（按姓氏笔画排序）
马 俊　马 琴　马万银　马付生　马国祯　马娟娟
马雪雁　马银宝　王芳玲　王诗槐　王洛兵　王晓玲
王海龙　牛淑荣　牛智军　牛锦凤　石宗礼　卢振杰
吕 辉　朱虎山　伏向前　刘宏轩　刘俊琦　闫汉晔
杜 萍　李 卓　李 霈　李永吉　杨奇晓　张 杰
张 荣　张 辉　张国平　张国强　邵小宁　周 瑞
屈晓东　胡吉鸿　徐 娟　黄金萍　韩 俊　谢 鹤　路 萍

技术顾问
朱 强

摄 影
杨奇晓　石宗礼　朱 强

西吉县林木资源图鉴

XIJIXIAN LINMU ZIYUAN TUJIAN

单 辉 朱进学 主编

图书在版编目（CIP）数据

西吉县林木资源图鉴 / 单辉，朱进学主编. -- 银川：阳光出版社，2022.4
　ISBN 978-7-5525-6260-6

Ⅰ. ①西… Ⅱ. ①单… ②朱… Ⅲ. ①林木 - 种质资源 - 西吉县 - 图谱 Ⅳ. ①S722-64

中国版本图书馆CIP数据核字（2022）第054407号

西吉县林木资源图鉴　　　　　　单　辉　朱进学　主编

责任编辑　　李少敏
封面设计　　晨　皓
责任印制　　岳建宁

黄河出版传媒集团
阳光出版社　出版发行

出 版 人	薛文斌
地　　址	宁夏银川市北京东路139号出版大厦（750001）
网　　址	http://www.ygchbs.com
网上书店	http://shop129132959.taobao.com
电子信箱	yangguangchubanshe@163.com
邮购电话	0951-5047283
经　　销	全国新华书店
印刷装订	宁夏凤鸣彩印广告有限公司
印刷委托书号	（宁）0023350
开　　本	787 mm × 1092 mm　1/16
印　　张	19
字　　数	250千字
版　　次	2022年4月第1版
印　　次	2022年5月第1次印刷
书　　号	ISBN 978-7-5525-6260-6
定　　价	98.00元

版权所有　翻印必究

前　言

西吉县位于宁夏回族自治区南部、六盘山西麓，东经105°45′~106°00′，北纬35°40′~35°50′。总面积3130 km²，其中林地面积134.52万亩。现辖4镇15乡，295个行政村，8个居委会，1870个村民小组，总人口约47.5万人。

西吉县地处黄土高原中心地带，海拔1688~2633 m。全县分葫芦河川道平原区、西南部黄土丘陵沟壑区和东北部土石山区3种地貌类型，有葫芦河、清水河、祖厉河3条水系，均属季节性河流。以黄绵土、黑垆土为主，其中黑垆土约占土壤总面积的87%，土层深厚，土壤结构好，土质疏松，透气性好，pH 6.1~7。气候温和，属温带大陆性气候，四季分明。年平均气温5.7℃，近五年平均降水量450 mm；≥10℃积温2419.9~2465.8℃，年平均日照时数2247.7~2259.4 h，年无霜期139~148 d。

西吉县林木资源丰富，种类较多。为了进一步掌握西吉县林木资源种类、数量、分布状况，挖掘具有经济价值且尚未人工开发利用的林木种质资源，建立西吉县林木资源档案，开展植物遗传改良，促进森林质量精准提升，我们从树木的形态特征、生态分布、栽培利用等方面，对304种木本植物进行了介绍，编写成《西吉县林木资源图鉴》。为跟进现代植物分类系统，适应将来的教学及科研需要，本书植物按照最新的APG分类系统进行了排列，对所在科发生变化的树种给出了原所在科，以供今后从事教学、科研、林业技术推广的人员参考使用。

本书在编写过程中得到了种苗生物工程国家重点实验室副研究员朱

强的精心指导和宁夏回族自治区林业和草原局、西吉县林业和草原局领导的大力支持,在此表示衷心感谢。

由于编写时间仓促、水平有限,书中错误和疏漏之处在所难免,敬请专家和同人批评指正,以便在今后的工作中臻于完善。

编 者

2021年10月

目 录

中麻黄 *Ephedra intermedia* / 001

银　杏 *Ginkgo biloba* / 002

雪　松 *Cedrus deodara* / 003

华北落叶松 *Larix gmelinii* var. *principis-rupprechtii* / 004

青海云杉 *Picea crassifolia* / 005

青　杆 *Picea wilsonii* / 006

华山松 *Pinus armandii* / 007

白皮松 *Pinus bungeana* / 008

樟子松 *Pinus sylvestris* var. *mongolica* / 009

油　松 *Pinus tabuliformis* / 010

铺地柏 *Juniperus procumbens* / 011

圆　柏 *Juniperus chinensis* / 012

祁连圆柏 *Juniperus przewalskii* / 014

杜　松 *Juniperus rigida* / 015

叉子圆柏 *Juniperus sabina* / 016

侧　柏 *Platycladus orientalis* / 017

玉　兰 *Yulania denudata* / 018

穿龙薯蓣 *Dioscorea nipponica* / 019

鞘柄菝葜 *Smilax stans* / 020

箭　竹 *Fargesia spathacea* / 021

黄芦木 *Berberis amurensis* / 022

短柄小檗 *Berberis brachypoda* / 023

秦岭小檗 *Berberis circumserrata* / 024

直穗小檗 *Berberis dasystachya* / 025

鲜黄小檗 *Berberis diaphana* / 026

置疑小檗 *Berberis dubia* / 027

紫叶小檗 *Berberis thunbergii* 'Atropurpurea' / 028

短尾铁线莲 *Clematis brevicaudata* / 029

长瓣铁线莲 *Clematis macropetala* / 030

小叶铁线莲 *Clematis nannophylla* / 031

甘青铁线莲 *Clematis tangutica* / 032

紫斑牡丹 *Paeonia rockii* / 033

二球悬铃木 *Platanus acerifolia* / 034

冰川茶藨子 *Ribes glaciale* / 035

糖茶藨子 *Ribes himalense* / 036

尖叶茶藨子 *Ribes maximowiczianum* / 037

美丽茶藨子 *Ribes pulchellum* / 038

乌头叶蛇葡萄 *Ampelopsis aconitifolia* / 039

五叶地锦 *Parthenocissus quinquefolia* / 040

葡 萄 *Vitis vinifera* / 041

卫 矛 *Euonymus alatus* / 042

纤齿卫矛 *Euonymus giraldii* / 043

冬青卫矛 *Euonymus japonicus* / 044

白 杜 *Euonymus maackii* / 045

小卫矛 *Euonymus nanoides* / 046

矮卫矛 *Euonymus nanus* / 047

栓翅卫矛 *Euonymus phellomanus* / 048

冷地卫矛 *Euonymus frigidus* / 049

石枣子 *Euonymus sanguineus* / 050

中亚卫矛 *Euonymus semenovii* / 051

瘤枝卫矛 *Euonymus verrucosus* / 052

一叶萩 *Flueggea suffruticosa* / 053

银白杨 *Populus alba* / 054

新疆杨 *Populus alba* var. *pyramidalis* / 055

加 杨 *Populus × canadensis* / 056

青 杨 *Populus cathayana* / 057

山 杨 *Populus davidiana* / 058

西吉青皮河北杨 *Populus × hopeiensis* 'Xiji Qingpi' / 059

小叶杨 *Populus simonii* / 060

银 柳 *Salix argyracea* / 061

垂 柳 *Salix babylonica* / 062

乌 柳 *Salix cheilophila* / 063

旱 柳 *Salix matsudana* / 064

彩叶杞柳 *Salix integra* 'Hakuro Nishiki' / 066

中国黄花柳 *Salix sinica* / 067

金枝垂柳 *Salix* × *aureo-pendula* / 068

皂　柳 *Salix wallichiana* / 069

紫穗槐 *Amorpha fruticosa* / 070

树锦鸡儿 *Caragana arborescens* / 071

矮脚锦鸡儿 *Caragana brachypoda* / 072

甘肃锦鸡儿 *Caragana kansuensis* / 073

柠条锦鸡儿 *Caragana korshinskii* / 074

白毛锦鸡儿 *Caragana licentiana* / 075

中间锦鸡儿 *Caragana liouana* / 076

甘蒙锦鸡儿 *Caragana opulens* / 077

秦晋锦鸡儿 *Caragana purdomii* / 078

荒漠锦鸡儿 *Caragana roborovskyi* / 079

红花锦鸡儿 *Caragana rosea* / 080

多刺锦鸡儿 *Caragana spinosa* / 081

毛刺锦鸡儿 *Caragana tibetica* / 082

红花山竹子 *Corethrodendron multijugum* / 083

山皂荚 *Gleditsia japonica* / 084

河北木蓝 *Indigofera bungeana* / 085

胡枝子 *Lespedeza bicolor* / 086

多花胡枝子 *Lespedeza floribunda* / 087

尖叶铁扫帚 *Lespedeza juncea* / 088

毛洋槐 *Robinia hispida* / 089

刺　槐 *Robinia pseudoacacia* / 090

槐 *Styphnolobium japonicum* / 092

红苦味果 *Aronia arbutifolia* / 094

皱皮木瓜 *Chaenomeles speciosa* / 095

灰栒子 *Cotoneaster acutifolius* / 096

匍匐栒子 *Cotoneaster adpressus* / 097

川康栒子 *Cotoneaster ambiguus* / 098

麻核栒子 *Cotoneaster foveolatus* / 099

细弱栒子 *Cotoneaster gracilis* / 100

平枝栒子 *Cotoneaster horizontalis* / 101

水栒子 *Cotoneaster multiflorus* / 102

华中栒子 *Cotoneaster silvestrii* / 103

准噶尔栒子 *Cotoneaster soongoricus* / 104

毛叶水栒子 *Cotoneaster submultiflorus* / 105

细枝栒子 *Cotoneaster tenuipes* / 106

西北栒子 *Cotoneaster zabelii* / 107

甘肃山楂 *Crataegus kansuensis* / 108

毛山楂 *Crataegus maximowiczii* / 109

山　楂 *Crataegus pinnatifida* / 110

北美海棠 *Malus* 'American' / 111

山荆子 *Malus baccata* / 112

陇东海棠 *Malus kansuensis* / 113

苹　果 *Malus pumila* / 114

八棱海棠 *Malus* × *robusta* / 115

花叶海棠 *Malus transitoria* / 116

花　红 *Malus asiatica* / 117

毛山荆子 *Malus mandshurica* / 118

西府海棠 *Malus* × *micromalus* / 119

变叶海棠 *Malus toringoides* / 120

中华绣线梅 *Neillia sinensis* / 121

稠　李 *Padus avium* / 122

紫叶稠李 *Prunus virginiana* / 123

风箱果 *Physocarpus amurensis* / 124

紫叶风箱果 *Physocarpus opulifolius* 'Purpurea' / 125

金露梅 *Potentilla fruticosa* / 126

银露梅 *Potentilla glabra* / 127

蕤　核 *Prinsepia uniflora* / 128

杏 *Prunus armeniaca* / 130

紫叶李 *Prunus cerasifera* f. *atropurpurea* / 131

紫叶矮樱 *Prunus* × *cistena* / 132

山　桃 *Prunus davidiana* / 133

欧　李 *Prunus humilis* / 134

杏　梅 *Prunus mume* var. *bungo* / 135

长梗扁桃 *Prunus pedunculata* / 136

桃 *Prunus persica* / 137

樱　桃 *Prunus pseudocerasus* / 139

李 *Prunus salicina* / 140
刺毛樱桃 *Prunus setulosa* / 141
山　杏 *Prunus sibirica* / 142
毛樱桃 *Prunus tomentosa* / 143
榆叶梅 *Prunus triloba* / 144
杜　梨 *Pyrus betulifolia* / 146
白　梨 *Pyrus bretschneideri* / 147
秋子梨 *Pyrus ussuriensis* / 148
木　梨 *Pyrus xerophila* / 149
西洋梨 *Pyrus communis* / 150
月季花 *Rosa chinensis* / 151
山刺玫 *Rosa davurica* / 152
黄蔷薇 *Rosa hugonis* / 153
扁刺峨眉蔷薇 *Rosa omeiensis* f. *pteracantha* / 154
樱草蔷薇 *Rosa primula* / 155
玫　瑰 *Rosa rugosa* / 156
钝叶蔷薇 *Rosa sertata* / 157
刺梗蔷薇 *Rosa setipoda* / 159
扁刺蔷薇 *Rosa sweginzowii* / 160
黄刺玫 *Rosa xanthina* / 162
秦岭蔷薇 *Rosa tsinglingensis* / 164
西北蔷薇 *Rosa davidii* / 165
刺毛蔷薇 *Rosa farreri* / 166
覆盆子 *Rubus idaeus* / 167
茅　莓 *Rubus parvifolius* / 168
菰帽悬钩子 *Rubus pileatus* / 170
针刺悬钩子 *Rubus pungens* / 171
华北珍珠梅 *Sorbaria kirilowii* / 172
北欧花楸 *Sorbus aucuparia* / 173
北京花楸 *Sorbus discolor* / 174
陕甘花楸 *Sorbus koehneana* / 175
耧斗菜叶绣线菊 *Spiraea aquilegiifolia* / 176
金山绣线菊 *Spiraea* × *bumalda* 'Goalden Mound' / 177
疏毛绣线菊 *Spiraea hirsuta* / 178
蒙古绣线菊 *Spiraea mongolica* / 179

土庄绣线菊 *Spiraea pubescens* / 180

南川绣线菊 *Spiraea rosthornii* / 181

沙　枣 *Elaeagnus angustifolia* / 182

牛奶子 *Elaeagnus umbellata* / 183

沙　棘 *Hippophae rhamnoides* / 184

鼠　李 *Rhamnus davurica* / 185

柳叶鼠李 *Rhamnus erythroxylum* / 186

圆叶鼠李 *Rhamnus globosa* / 187

黑桦树 *Rhamnus maximovicziana* / 188

小叶鼠李 *Rhamnus parvifolia* / 189

高山冻绿 *Rhamnus utilis* var. *szechuanensis* / 190

枣 *Ziziphus jujuba* / 191

刺　榆 *Hemiptelea davidii* / 192

大叶垂榆 *Ulmus americana* 'Pendula' / 193

黑　榆 *Ulmus davidiana* / 194

春　榆 *Ulmus davidiana* var. *japonica* / 195

圆冠榆 *Ulmus densa* / 196

旱　榆 *Ulmus glaucescens* / 197

榆　树 *Ulmus pumila* / 198

裂叶榆 *Ulmus laciniata* / 200

啤酒花 *Humulus lupulus* / 201

桑 *Morus alba* / 202

蒙古栎 *Quercus mongolica* / 203

胡　桃 *Juglans regia* / 204

红　桦 *Betula albosinensis* / 205

白　桦 *Betula platyphylla* / 206

榛 *Corylus heterophylla* / 207

毛　榛 *Corylus mandshurica* / 208

虎榛子 *Ostryopsis davidiana* / 209

小果白刺 *Nitraria sibirica* / 210

黄　栌 *Cotinus coggygria* / 211

火炬树 *Rhus typhina* / 212

梣叶槭 *Acer negundo* / 213

五角枫 *Acer pictum* subsp. *mono* / 214

紫叶挪威枫 *Acer platanoides* 'Crimson King' / 215

茶条枫 *Acer tataricum* subsp. *ginnala* / 216

元宝槭 *Acer truncatum* / 217

栾　树 *Koelreuteria paniculata* / 218

文冠果 *Xanthoceras sorbifolium* / 219

臭　椿 *Ailanthus altissima* / 220

黄　檗 *Phellodendron amurense* / 221

花　椒 *Zanthoxylum bungeanum* / 222

木　槿 *Hibiscus syriacus* / 223

蒙　椴 *Tilia mongolica* / 224

少脉椴 *Tilia paucicostata* / 225

黄瑞香 *Daphne giraldii* / 226

尖叶盐爪爪 *Kalidium cuspidatum* / 227

盐爪爪 *Kalidium foliatum* / 228

驼绒藜 *Krascheninnikovia ceratoides* / 229

三春水柏枝 *Myricaria paniculata* / 230

柽　柳 *Tamarix chinensis* / 231

红瑞木 *Cornus alba* / 232

沙　梾 *Cornus bretschneideri* / 233

大花溲疏 *Deutzia grandiflora* / 234

挂苦绣球 *Hydrangea xanthoneura* / 235

毛萼山梅花 *Philadelphus dasycalyx* / 236

太平花 *Philadelphus pekinensis* / 237

杜　仲 *Eucommia ulmoides* / 238

宁夏枸杞 *Lycium barbarum* / 239

枸　杞 *Lycium chinense* / 240

互叶醉鱼草 *Buddleja alternifolia* / 241

杠　柳 *Periploca sepium* / 242

连　翘 *Forsythia suspensa* / 243

金钟花 *Forsythia viridissima* / 244

水曲柳 *Fraxinus mandshurica* / 245

美国红梣 *Fraxinus pennsylvanica* / 246

水　蜡 *Ligustrum obtusifolium* / 247

紫丁香 *Syringa oblata* / 248

花叶丁香 *Syringa* × *persica* / 249

小叶巧玲花 *Syringa pubescens* subsp. *microphylla* / 250

暴马丁香 *Syringa reticulata* subsp. *amurensis* / 252
欧丁香 *Syringa vulgaris* / 253
灰　楸 *Catalpa fargesii* / 254
梓 *Catalpa ovata* / 255
黄金树 *Catalpa speciosa* / 256
金叶莸 *Caryopteris* × *clandonensis* 'Worcester Gold' / 257
蒙古莸 *Caryopteris mongholica* / 258
圆头蒿 *Artemisia sphaerocephala* / 259
中亚紫菀木 *Asterothamnus centraliasiaticus* / 260
蝟　实 *Kolkwitzia amabilis* / 261
金花忍冬 *Lonicera chrysantha* / 262
葱皮忍冬 *Lonicera ferdinandi* / 263
忍　冬 *Lonicera japonica* / 264
蓝叶忍冬 *Lonicera korolkowi* / 265
金银忍冬 *Lonicera maackii* / 266
小叶忍冬 *Lonicera microphylla* / 267
下江忍冬 *Lonicera modesta* / 268
红脉忍冬 *Lonicera nervosa* / 269
红花岩生忍冬 *Lonicera rupicola* var. *syringantha* / 270
唐古特忍冬 *Lonicera tangutica* / 271
华西忍冬 *Lonicera webbiana* / 272
红王子锦带花 *Weigela florida* 'Red Prince' / 273
接骨木 *Sambucus williamsii* / 274
桦叶荚蒾 *Viburnum betulifolium* / 275
香荚蒾 *Viburnum farreri* / 276
聚花荚蒾 *Viburnum glomeratum* / 277
蒙古荚蒾 *Viburnum mongolicum* / 278
鸡树条 *Viburnum opulus* subsp. *calvescens* / 279
毛狭叶五加 *Eleutherococcus wilsonii* var. *pilosulus* / 280
狭叶五加 *Eleutherococcus wilsonii* / 281

拉丁学名索引 / 282

中麻黄 | *Ephedra intermedia*

科属： 麻黄科 Ephedraceae　　麻黄属 *Ephedra*　　**别名：** 西藏中麻黄

【形态特征】灌木，高20～100 cm。茎直立或匍匐斜上，粗壮，基部分枝多。绿色小枝常被白粉，呈灰绿色，直径1～2 mm，节间长3～6 cm。叶3裂及2裂混见，下部约2/3合生呈鞘状，上部裂片钝三角形或窄三角状披针形。雄球花通常无梗，数个密集于节上呈团状，稀2～3个对生或轮生于节上；雌球花2～3个成簇，对生或轮生于节上，无梗或有短梗，苞片3～5轮（每轮3片）或3～5对交叉对生；雌球花的珠被管长约3 mm，常呈螺旋状弯曲；雌球花成熟时肉质，红色。种子包于肉质、红色苞片内，不外露，3粒或2粒，形状变异颇大，常呈卵圆形或长卵圆形，长5～6 mm，直径约3 mm。花期5～6月，种子7～8月成熟。

【分布与习性】主要分布于西吉县白崖乡、沙沟乡。生于干旱的山坡或草地上。喜阳，耐旱。

【用途】药用；肉质多汁的苞片可食，根、茎、枝可做燃料。

银 杏 | *Ginkgo biloba*

科属： 银杏科 Ginkgoaceae　　银杏属 *Ginkgo*　　**别名：** 公孙树、白果

【形态特征】乔木，高可达40 m，树干通直。叶扇形，上部宽5～8 cm，先端有或深或浅的波状缺刻，有时中部缺刻较深，常2裂，基部楔形，无毛；叶脉二分叉，叶柄长。雌雄异株。种子核果状，椭圆形、倒卵形或近圆形，长2.5～3.5 cm，成熟时黄色或橙黄色，被白粉。花期3～4月，种子9～10月成熟。

【分布与习性】西吉县永清湖公园有栽培。喜光，对气候、土壤的适应性较强。扦插或播种繁殖。

【用途】树形优美，春夏季树叶嫩绿色，秋季变成黄色，颇美观，可用作庭院树及行道树。种仁入药。

雪 松 | *Cedrus deodara*

科属： 松科 Pinaceae　雪松属 *Cedrus*　　**别名：** 香柏

【形态特征】乔木，在原产地高可达75m，胸径达4.3m；树皮深灰色，裂成不规则的鳞状片。大枝平展，枝梢微下垂，树冠宽塔形，小枝细长，微下垂；一年生长枝淡灰黄色，密被短绒毛，微被白粉，二至三年生长枝灰色、淡褐灰色或深灰色。针叶长2.5～5cm，宽1～1.5mm，先端锐尖，常呈三棱形，叶子正面两侧各有2～3条气孔线，背面有4～6条气孔线，幼叶气孔线被白粉。球果卵圆形、宽椭圆形或近球形，长7～12cm，成熟前淡绿色，微被白粉，成熟时红褐色或栗褐色；中部的种鳞长2.5～4cm，宽4～6cm，上部宽圆或平，边缘微内曲，背部密生短绒毛；种子近三角形，连翅长2.2～3.7cm。花期10～11月，球果翌年10月成熟。

【分布与习性】零星分布于西吉县吉强镇。喜光，稍耐阴，宜在酸性或微碱性土壤生长。播种繁殖。

【用途】园林观赏树种。

华北落叶松 | *Larix gmelinii* var. *principis-rupprechtii*

科属：松科 Pinaceae　落叶松属 *Larix*　**别名**：落叶松、五叶松、五须松、青松

【形态特征】乔木，高达30 m，胸径1 m；树皮暗灰褐色，不规则纵裂，呈小块片脱落。枝平展，具不规则细齿。苞鳞暗紫色，近带状矩圆形，长0.8~1.2 cm，基部宽，中上部微窄，先端圆截形，中肋延长成尾状尖头，仅球果基部苞鳞的先端露出。种子斜倒卵状椭圆形，灰白色，具不规则褐色斑纹，长3~4 mm，直径约2 mm，种翅上部三角形，中部宽约4 mm，种子连翅长1~1.2 cm；子叶5~7，针形，长约1 cm，下面无气孔线。花期4~5月，球果10月成熟。

【分布与习性】西吉县火石寨乡、沙沟乡、白崖乡等地有栽培。喜光，极耐寒，对土壤适应性强。播种或扦插繁殖。

【用途】造林和观赏树种。

青海云杉 | *Picea crassifolia*

科属：松科 Pinaceae　云杉属 *Picea*

【形态特征】乔木，高可达23 m，胸径60 cm。一年生枝初期为淡绿黄色，后变为粉红黄色或粉红褐色，多少被毛，或近无毛，二年生枝被白粉或无，叶枕顶部白粉显著，基部宿存芽鳞的先端反曲。冬芽宽圆锥形，通常无树脂。叶四棱状条形，微弯或直，长1.2~3.5 cm，宽2~3 cm，先端钝，或具钝尖头，横切面四棱形，四面有粉白色气孔线，正面每边5~7条，背面每边4~6条。球果圆柱形或长圆状圆柱形，下垂，长7~11 cm，直径2~3.5 cm，成熟前种鳞背面露出部分绿色，上部边缘紫红色，成熟时褐色；中部种鳞倒卵形，上部圆形，全缘或呈波状，微内曲；种子斜倒卵圆形，长约3.5 mm，连翅长约1.3 cm。花期4~5月，球果9~10月成熟。

【分布与习性】分布在西吉县各乡镇。适应性强，耐旱，耐瘠薄，忌涝，喜寒冷、潮湿气候。播种繁殖。

【用途】荒山造林树种，广泛用于城市绿化。

青 杆 | *Picea wilsonii*

科属：松科 Pinaceae　云杉属 *Picea*　别名：细叶云杉

【形态特征】乔木，高可达50m，胸径1.3m；树皮淡黄灰色或暗灰色，浅裂，呈不规则鳞状块片脱落。一年生枝淡黄绿色或淡黄灰色，无毛，稀疏被短毛，基部宿存芽鳞不反曲。冬芽卵圆形，稀圆锥状卵圆形，无树脂。叶四棱状条形，直或微弯，长0.8~1.3（1.8）cm，宽1~2mm，先端尖，横切面四棱形或扁棱形，四面各有气孔线4~6条，无白粉。球果卵状圆柱形或圆柱状长卵圆形，顶端钝圆，长5~8cm，直径2.5~4cm，成熟前绿色，成熟时黄褐色或淡褐色；中部种鳞倒卵形，长1.4~1.7cm，宽1~1.4cm，种鳞上部圆形或急尖，或呈钝三角形，背面无明显的条纹；种子倒卵圆形，长3~4mm，连翅长1.2~1.5cm。花期4月，球果10月成熟。

【分布与习性】西吉县部分乡镇有栽培。生长缓慢，适应性强，喜温凉、湿润气候，在土层深厚、排水良好的微酸性土壤上生长良好。播种繁殖。

【用途】荒山造林和园林绿化树种。

华山松 | *Pinus armandii*

科属：松科 Pinaceae　　松属 *Pinus*　　别名：五叶松

【形态特征】常绿乔木。一年生枝绿色或灰绿色，干后褐色或灰褐色，无毛。冬芽褐色，微具树脂。针叶5针一束（稀6~7针），较粗硬，长8~15 cm；树脂管3个，背面2个边生，腹面1个中生；叶鞘早落。球果圆锥状长卵形，长10~22 cm，直径5~9 cm，成熟时种鳞张开，种子脱落；种鳞的鳞盾无毛，不具纵脊，先端不反曲或微反曲；鳞脐顶生，不明显；种子褐色至黑褐色，无翅或上部具棱脊，长1~1.8 cm，直径0.6~1.2 cm。花期4~5月，球果翌年9~10月成熟。

【分布与习性】西吉县吉强镇、兴隆镇等地有栽培。喜温凉、湿润气候，在酸性黄壤土、黄褐壤土或钙质土上生长良好。播种繁殖。

【用途】水土保持和用材树种。

白皮松 | *Pinus bungeana*

科属：松科 Pinaceae　　松属 *Pinus*　　别名：白骨松、三针松

【形态特征】乔木，高可达30 m，胸径可达3 m；主干明显，或从树干近基部分生数干；幼树树皮灰绿色，平滑，长大后树皮呈不规则块片脱落，内皮淡黄绿色，老树树皮淡灰褐色或灰白色，块片脱落后露出粉白色内皮，白褐相间，呈斑鳞状。一年生枝灰绿色，无毛。冬芽红褐色，卵圆形，无树脂。针叶3针一束，粗硬。球果卵圆形或圆锥状卵圆形，长5～7 cm，直径4～6 cm，成熟时淡黄褐色；种鳞的鳞盾多为菱形，有横脊，鳞脐有三角形短刺尖，尖头向下反曲；种子近倒卵圆形，长约1 cm，灰褐色，种翅短，长约5 mm，有关节，易脱落。花期4～5月，球果翌年10～11月成熟。

【分布与习性】西吉县吉强镇、兴隆镇等地有栽培。喜温凉、湿润气候，在酸性黄壤土、黄褐壤土或钙质土上生长良好。播种繁殖。

【用途】水土保持、观赏和用材树种。

樟子松 | *Pinus sylvestris* var. *mongolica*

科属：松科 Pinaceae　　**松属** *Pinus*　　**别名**：海拉尔松

【形态特征】乔木，高可达25 m；树皮厚，树干下部灰褐色或黑褐色，深裂，呈不规则鳞状块片脱落，上部树皮及枝皮黄色至褐黄色。幼树树冠尖塔形，老则呈圆顶状或平顶状，树冠稀疏。针叶2针一束，硬直，常扭曲，长4～9 cm，两面均有气孔线；横切面半圆形；叶鞘基部宿存，黑褐色。雄球花圆柱状卵圆形，长5～10 mm，聚生于新枝下部，花序长3～6 cm；雌球花有短梗，淡紫褐色，当年生小球果长约1 cm，下垂。球果卵圆形或长卵圆形，长3～6 cm，直径2～3 cm；种子黑褐色，长卵圆形或倒卵圆形，微扁，长4.5～5.5 mm，连翅长1.1～1.5 cm；子叶6～7。花期5～6月，球果翌年9～10月成熟。

【分布与习性】西吉县各乡镇均有栽培。喜光，深根性，能在土壤水分较少的山脊及向阳山坡，以及较干旱的砂地及石砾砂土生长。播种繁殖。

【用途】绿化造林树种。

油 松 | *Pinus tabuliformis*

科属： 松科 Pinaceae　松属 *Pinus*　**别名：** 短叶松、红皮松

【形态特征】常绿乔木。大树的枝条平展或微向下伸，树冠近平顶状；一年生枝淡红褐色或淡灰黄色，无毛；二、三年生枝上的苞片宿存。冬芽红褐色。针叶2针一束，粗硬，长10～15 cm；树脂管约10个，边生；叶鞘宿存。球果卵圆形，长4～10 cm，成熟后宿存，暗褐色；种鳞的鳞盾肥厚，横脊显著，鳞脐凸起，有刺尖；种子长6～8 mm，种翅长约10 mm。花期4～5月，球果翌年10月成熟。

【分布与习性】西吉县各乡镇均有栽培。喜光，深根性，喜干冷气候，在土层深厚、排水良好的酸性、中性或钙质黄土上生长良好。播种繁殖。

【用途】抗旱造林和园林绿化树种。松节、松针（即针叶）、花粉均供药用。

铺地柏 | *Juniperus procumbens*

科属：柏科 Cupressaceae　刺柏属 *Juniperus*　**别名：**偃柏、矮桧、匍地柏

【形态特征】匍匐灌木，高可达75 cm。枝条沿地面扩展，褐色，密生小枝，枝梢及小枝向上斜展。叶全为刺叶，3叶交叉轮生，条状披针形，先端渐尖成角质锐尖头，长6~8 mm，正面凹，有2条白粉色气孔带，气孔带常在上部会合，绿色中脉仅下部明显，不达叶之先端，背面凸起，蓝绿色，沿中脉有细纵槽。球果近球形，被白粉，成熟时黑色，直径8~9 mm，有2~3粒种子；种子长约4 mm，有棱脊。

【分布与习性】西吉县火石寨乡有栽培。喜光，耐寒，耐旱，耐瘠薄，适应性强。

【用途】水土保持及固沙造林树种，也可用于园林绿化。

圆 柏 | *Juniperus chinensis*

科属：柏科 Cupressaceae　刺柏属 *Juniperus*　**别名**：桧、桧柏

【形态特征】乔木；树皮深灰色，纵裂，呈条片开裂。幼树的枝条通常向上斜展，形成尖塔形树冠，老则下部大枝平展，形成广圆形树冠。叶二型，即刺叶和鳞叶；刺叶生于幼树之上，老龄树则全为鳞叶，壮龄树兼有刺叶与鳞叶；生于一年生小枝上的一回分枝的鳞叶3叶轮生，长2.5～5mm，背面近中部有椭圆形微凹的腺体；刺叶2叶交互轮生，斜展，疏松，披针形，先端渐尖，长6～12mm，上面微凹，有2条白粉色气孔带。雌雄异株，稀同株；雄球花黄色，椭圆形，长2.5～3.5mm，雄蕊5～7对，常有3～4花药。球果近圆球形，直径6～8mm，两年成熟，成熟时暗褐色，被白粉，有1～4粒种子，种子卵圆形。

【分布与习性】引进栽培树种。除西吉县永清湖公园栽植较多外，其他乡镇均少量栽植。

【用途】优良的园林绿化树种。其木质坚韧致密，可作为房屋、家具、文具及工艺品等用材；树根、树干及枝叶可提取柏木脑的原料及柏木油；枝叶入药；种子可提取润滑油。

附：西吉县还栽植有以下圆柏品种。

龙柏 *Juniperus chinensis* 'Kaizuca'：树冠圆柱形或柱状塔形。枝向上直展，常有扭转上升之势，小枝密。鳞叶排列紧密，幼嫩时淡黄绿色，后翠绿色。球果蓝色，微被白粉。零星栽植于西吉县兴隆镇。

塔柏 *Juniperus chinensis* 'Pyramidalis'：直立乔木，树冠幼时锥形、圆柱形或圆柱状尖塔形，大树则为尖塔形。枝向上直展，密生。叶多为刺叶，稀间有鳞叶。栽植于西吉县沙沟乡、马莲乡。

圆柏

圆柏

龙柏

塔柏

祁连圆柏 | *Juniperus przewalskii*

科属：柏科 Cupressaceae　刺柏属 *Juniperus*

【形态特征】常绿乔木，稀灌木状；树皮灰色或灰褐色，裂成条片脱落。小枝不下垂。叶有刺叶与鳞叶，幼树通常全为刺叶，大树或老树则几乎全为鳞叶；鳞叶交互对生，排列较疏或较密，菱状卵形。雌雄同株，雄球花卵圆形。球果卵圆形或近圆球形，成熟前绿色，微具白粉，成熟后蓝褐色、蓝黑色或黑色，微有光泽，有1粒种子，种子扁方圆形或近圆形。

【分布与习性】引进栽培树种。西吉县永清湖公园、北山公园有栽培。喜光，耐寒，耐旱。常播种繁殖。

【用途】优良的园林绿化和造林树种。

杜 松 | *Juniperus rigida*

科属：柏科 Cupressaceae　刺柏属 *Juniperus*　　**别名**：棒儿松、崩松

【**形态特征**】常绿灌木或小乔木，高可达10 m。枝直展，树冠塔形或锥状圆柱形，小枝下垂。叶条状刺形，质厚，硬直，长1.2~1.7 cm，宽约1 mm，先端锐尖，正面下凹成深槽，槽内有1条窄的白粉色气孔带，背面有明显的纵脊。球果圆球形，直径6~8 mm，成熟时淡褐黑色或蓝黑色，被白粉；种子近卵形，长约6 mm，顶端尖，有4条不明显的棱脊。

【**分布与习性**】西吉县火石寨乡有栽培。喜光，耐旱，耐寒，喜冷凉气候。播种繁殖。

【**用途**】园林绿化树种。木材坚硬，可作为工艺品、家具、器具等用材。

叉子圆柏 | *Juniperus sabina*

科属： 柏科 Cupressaceae　刺柏属 *Juniperus*　**别名：** 沙地柏、砂地柏

【形态特征】匍匐灌木，高不及1m。枝密，向上斜展，枝皮灰褐色，裂成薄片脱落；一年生枝的分枝圆柱形，直径约1mm。叶二型；刺叶常生于幼树上，稀在壮龄树上与鳞叶并存，常交互对生或3叶交叉轮生，排列较密；鳞叶交互对生，排列紧密或稍疏，斜方形或菱状卵形，背面中部有明显的椭圆形或卵形腺体。雌雄异株，稀同株；雄球花椭圆形或矩圆形，雌球花曲垂或初期直立而后俯垂。球果生于向下弯曲的小枝顶端，成熟前蓝绿色，成熟时褐色至紫蓝色或黑色，多少有白粉，具1~4（5）粒种子，多为2~3粒，形状各式，多为倒三角状球形，长5~8mm，直径5~9mm；种子常为卵圆形，微扁，长4~5mm，顶端钝或微尖，有纵脊与树脂槽。

【分布与习性】引进栽培树种。西吉县永清湖公园及沙岗子有栽植。喜光，耐寒，耐旱，耐瘠薄，适应性强。

【用途】水土保持及固沙造林树种，也可用于园林绿化。

侧 柏 | *Platycladus orientalis*

科属：柏科 Cupressaceae　侧柏属 *Platycladus*　别名：扁桧、香柏

【形态特征】乔木，高可达20 m，树皮淡灰褐色。生鳞叶的小枝细，直展，扁平，排成一平面，两面同形。鳞叶交互对生，背面有腺点。雌雄同株，球花单生于枝顶；雄球花具6对雄蕊，花药2~4；雌球花具4对珠鳞，仅中部2对珠鳞各具1~2胚珠。球果当年成熟，卵状椭圆形，长1.5~2 cm，成熟时褐色；种子椭圆形或卵圆形，长4~6 mm，灰褐色或紫褐色，无翅，或顶端有短膜，种脐大而明显；子叶2，发芽时出土。单种属。花期3~4月，球果10月成熟。

【分布与习性】广泛分布于西吉县各乡镇。耐旱，耐寒，耐瘠薄，宜在干旱地区栽植。播种或扦插繁殖。

【用途】可作为建筑、家具、农具及文具等用材。种子与带鳞叶的小枝入药。常用作庭院树，也可用作水土保持和造林树种。

玉 兰 | *Yulania denudata*

科属： 木兰科 Magnoliaceae　　玉兰属 *Yulania*　　**别名：** 白玉兰、木兰

【形态特征】落叶乔木，高可达25 m。冬芽及花梗密被淡灰色长绢毛。叶倒卵形、宽倒卵形或倒卵状椭圆形，长10~15（18）cm，先端宽圆、平截或稍凹，具短突尖，中部以下渐窄呈楔形或宽楔形；托叶痕为叶柄长的1/4~1/3。花凋谢后发叶，直立，芳香，直径10~16 cm；花梗膨大，密被淡黄色长绢毛；花被片9，白色，基部常带粉红色，近长圆状倒卵形，内轮、外轮近等长；雄蕊长0.7~1.2 cm，花药长6~7 mm，侧向开裂，药隔顶端具短尖头；雌蕊群圆柱形，长2~2.5 cm，心皮窄卵圆形，花柱锥尖，长4 mm。聚合果圆柱形，长12~15 cm，直径3.5~5 cm；蓇葖果厚木质，褐色，皮孔白色；种子心形，两侧扁，宽约1 cm。花期2~3月或7~9月再开花，果期8~9月。

【分布与习性】引进栽培树种。西吉县城区有栽植。喜光，稍耐阴，有一定的耐寒性，在 -20℃条件下能安全越冬。

【用途】庭园观赏树种。材质优良，可作为家具、工艺品等用材。花蕾入药，与辛夷同效。

穿龙薯蓣 | *Dioscorea nipponica*

科属：薯蓣科 Dioscoreaceae　薯蓣属 *Dioscorea*　别名：穿山龙、穿地龙

【形态特征】缠绕草质藤本。根状茎横生，栓皮片状剥离。茎左旋，近无毛。叶掌状心形，长10～15 cm，不等大三角形浅裂、中裂或深裂，顶端叶片近全缘，下面无毛或疏被毛。雄花无梗，常2～4朵簇生，排成小聚伞花序后再组成穗状花序，花序顶端常为单花，花被碟形，顶端6裂，雄蕊6；雌花序穗状，常单生。蒴果翅长1.5～2 cm，宽0.6～1 cm；每室2粒种子，生于果轴基部；种子四周有不等宽的薄膜状翅，上方呈正方形，长约为宽的2倍。花期6～8月，果期8～10月。

【分布与习性】分布在西吉县沙沟乡、火石寨乡、偏城乡等土石山区。喜肥沃、疏松、湿润、腐殖质较深厚的黄沙壤土和黑沙壤土。种子和根茎繁殖。

【用途】根茎入药。

鞘柄菝葜 | *Smilax stans*
原所在科：百合科 Liliaceae

科属：菝葜科 Smilacaceae　菝葜属 *Smilax*

【形态特征】落叶灌木或半灌木，直立或披散，高0.3~3m。茎和枝条稍具棱，无刺。叶纸质，卵形、卵状披针形或近圆形，长1.5~4（6）cm，宽1.2~3.5（5）cm，背面稍苍白色或有时有粉尘状物；叶柄长5~12mm，向基部渐宽呈鞘状，背面有多条纵槽，无卷须，脱落点位于近顶端。花序具1~3朵或更多的花；总花梗纤细，比叶柄长3~5倍；花序托不膨大；花绿黄色，有时淡红色；雄花外花被片长2.5~3mm，宽约1mm，内花被片稍狭；雌花比雄花略小，具退化雄蕊6，退化雄蕊有时具不育花药。浆果直径6~10mm，成熟时黑色，具粉霜。花期5~6月，果期10月。

【分布与习性】分布于西吉县扫竹岭林场和大寨山林场。生于林下、灌丛中或山坡阴处。喜阴湿。

【用途】根茎入药，商品名为铁丝威灵仙。

箭 竹 | *Fargesia spathacea*

科属：禾本科 Poaceae　　箭竹属 *Fargesia*　　**别名**：华桔竹、毛竹

【形态特征】地下茎为单轴型。竿高1~4m，节间长4~7cm，粗1.2~3mm，棕紫色，每节簇生多数小枝。叶鞘长2~3cm，无毛，常为棕红色；叶片长6~10cm，宽6~11mm，无毛，次脉3~4对，小横脉明显。总状花序顶生，长2.5~4cm，密生偏于一侧的多数小穗，花序下托以数枚佛焰苞，因最上的苞片与花序等长或超过花序，致使小穗从一侧外露；小穗长15~25mm，含2~5朵花，成熟时紫色或黄棕色。

【分布与习性】分布于西吉县扫竹岭林场。喜肥沃、湿润、排水和透气性良好的酸性沙质土或沙质壤土。扦插繁殖。

【用途】笋供食用，竿劈篾供编织用。

黄芦木 | *Berberis amurensis*

科属：小檗科 Berberidaceae　　小檗属 *Berberis*　　**别名**：阿穆尔小檗

【形态特征】落叶灌木，高1~3m。枝灰黄色或灰色，微有棱槽；茎刺三分叉，长1~2cm。叶纸质，倒卵状椭圆形、卵形或椭圆形，长5~10cm，宽2.5~5cm，先端急尖或圆钝，基部渐狭，边缘有40~60刺状细锯齿，齿距1~2mm，背面有时被白粉。总状花序长4~10cm，有花10~25朵；花淡黄色；花梗长5~7mm；小苞片2，三角形；萼片排列成2轮，花瓣状；花瓣长4.5~5mm，宽2.5~3mm，顶端微凹；子房有2胚珠。浆果椭圆形，长约10mm，直径6mm，红色，顶端无宿存花柱。花期4~5月，果期8~9月。

【分布与习性】分布在西吉县扫竹岭林场。生于山地灌丛中。耐寒，喜阴湿。播种繁殖。

【用途】可驯化用于园林绿化。根皮和茎皮含小檗碱，供药用。

短柄小檗 | *Berberis brachypoda*

科属：小檗科 Berberidaceae　　小檗属 *Berberis*

【形态特征】落叶灌木，高1~2 m。枝有槽，幼枝绿色，有柔毛，老枝黄灰色，无毛或近无毛，无疣状突起；茎刺有槽，三分叉，长2~3 cm。叶矩圆状椭圆形或倒卵形，长3~7.5 cm，宽1~3 cm，先端急尖或圆钝，基部渐狭，边缘有25~40刺状细锯齿，刺长0.5~1 mm，齿距1~2 mm，两面暗绿色，正面有短疏柔毛，背面有长疏柔毛。总状花序穗状，长7~12 cm，花序梗长1.5~4 cm，有花20~30朵；花梗长2~4 mm，有柔毛；萼片排列成3轮，卵形或倒卵形；花瓣长5 mm，宽约3 mm；子房有1~2胚珠。浆果矩圆形，长9 mm，直径5 mm，血红色。花期5~6月，果期7~9月。

【分布与习性】主要分布在西吉县大寨山林场、扫竹岭林场、月亮山等土石山区。生于山坡灌丛中。耐寒，喜阴湿。扦插或播种繁殖。

【用途】可驯化用于园林绿化。根含小檗碱，供药用。

秦岭小檗 | *Berberis circumserrata*

科属：小檗科 Berberidaceae　　小檗属 *Berberis*　　别名：黄柏刺、酸刺果

【形态特征】落叶灌木，高1.5～2m。枝粗壮，灰黄色，有稀疏黑色疣状突起，有槽；茎刺粗壮，三分叉，长1～2cm，灰黄色。叶近圆形、矩圆形或宽椭圆形，长1.5～3.5cm，宽0.6～2.5cm，顶端圆形，基部渐狭成叶柄（柄长2～5mm），边缘有15～40刺状细锯齿，刺长1～1.5mm，齿距0.75～2mm，有密网脉，正面暗绿色，背面灰色，有白粉。花2～5朵簇生，花梗长10～40mm；萼片排成2轮，矩圆状椭圆形；花瓣倒卵形，长7～7.5mm，全缘；雄蕊长4.5～5mm；子房有3～8胚珠。浆果红色，长13～15mm，直径5～6mm，有宿存短花柱。花期5月，果期7～9月。

【分布与习性】零星分布于西吉县扫竹岭林场。生于山坡、林缘灌丛中。耐寒，耐旱，喜瘠薄土壤。播种繁殖。

【用途】可驯化用于园林绿化。根皮含小檗碱，供药用。

直穗小檗 | *Berberis dasystachya*

科属: 小檗科 Berberidaceae 小檗属 *Berberis*

【形态特征】落叶灌木,高2~3m。幼枝紫红色,老枝黄褐色,有稀疏细小疣状突起;茎刺有时单生,长5~12mm,与枝同色,或无刺。叶厚,近圆形、矩圆形或宽椭圆形,长3~6cm,宽2.5~4cm,顶端圆形或钝形,基部圆形,边缘有25~50刺状细锯齿,刺长约1mm,齿距约1.5mm,两面网脉明显,正面暗黄绿色,背面亮黄绿色,无白粉;叶柄通常长2~3cm。总状花序有花15~30朵,连总花梗长3.5~6cm;花黄色,直径5~6mm;花梗长4~7mm;萼片排列成2轮;花瓣倒卵形,全缘,长3mm,宽2mm;子房有1~2胚珠。果序直立;浆果椭圆形,长6~7mm,直径约5mm,红色,无白粉。花期4~6月,果期6~9月。

【分布与习性】分布于西吉县扫竹岭林场。生于向阳山地灌丛中。耐寒,喜阴湿。播种繁殖。

【用途】根皮及茎皮含小檗碱,供药用。

鲜黄小檗 | *Berberis diaphana*

科属：小檗科 Berberidaceae　　小檗属 *Berberis*　　**别名**：黄檗、三颗针

【形态特征】落叶灌木，高1~2m。幼枝绿色，老枝灰黄色，有槽及疣状突起；茎刺三分叉，粗壮，长1~2cm，与枝同色。叶长圆形或倒卵状长圆形，长16~40mm，宽5~16mm，边缘有4~12刺状细锯齿，刺长0.5~1mm，齿距3~6mm，正面暗灰绿色，网脉隆起，背面灰色，有白粉；叶柄长1~3mm。花2~5朵簇生，或组成近总状花序；花梗长12~22mm；萼片排列成2轮，长约8mm；花瓣卵状椭圆形，长约7mm，宽5.5mm，先端急尖，顶端锐裂；雄蕊长4.5mm，略呈截形；子房有6~10胚珠。浆果卵状长圆形，长10~12mm，直径6~7mm，鲜红色或淡红色，顶端有宿存短花柱。花期5~6月，果期7~9月。

【分布与习性】主要分布于西吉县扫竹岭林场。生于山坡灌丛中。耐寒，耐旱，喜瘠薄土壤。扦插或播种繁殖。

【用途】根皮含小檗碱，供药用。

置疑小檗 | *Berberis dubia*

科属： 小檗科 Berberidaceae 小檗属 *Berberis*

【形态特征】落叶灌木，高1～2m。幼枝绿色，老枝灰黄色，有槽及疣状突起；茎刺三分叉，粗壮，长1～2cm，与枝同色。叶倒卵形或矩圆状倒卵形，长16～40mm，宽5～16mm，边缘有4～12刺状细锯齿，刺长0.5～1mm，齿距3～6mm，正面暗灰绿色，网脉隆起，背面灰色，有白粉；叶柄长1～3mm。花2～5朵簇生，或组成近总状花序；花梗长12～22mm；萼片排列成2轮，长约8mm；花瓣卵状椭圆形，长约7mm，宽5.5mm，先端急尖，顶端锐裂；雄蕊长4.5mm，略呈截形；子房有6～10胚珠。浆果卵状矩圆形，长10～12mm，直径6～7mm，鲜红色或淡红色，顶端有宿存短花柱。花期5～6月，果期7～9月。

【分布与习性】主要分布于西吉县扫竹岭林场。生于山坡灌丛中。耐寒，耐旱，喜瘠薄土壤。扦插或播种繁殖。

【用途】根皮含小檗碱，供药用。

紫叶小檗 | *Berberis thunbergii* 'Atropurpurea'

科属： 小檗科 Berberidaceae　小檗属 *Berberis*　**别名：** 红叶小檗

【形态特征】落叶灌木。日本小檗的自然变种。幼枝淡红色带绿色，无毛，老枝暗红色，具条棱；节间长1~1.5 cm。叶菱状卵形，长5~20（35）mm，宽3~15 mm，先端钝，基部下延成短柄，全缘，表面黄绿色，背面带灰白色，具细乳突，两面均无毛。花2~5朵组成具短总花梗并近簇生的伞形花序，或无总花梗而呈簇生状，花梗长5~15 mm，花被黄色；小苞片带红色，长约2 mm，急尖；外轮萼片卵形，长4~5 mm，宽约2.5 mm，先端近钝，内轮萼片稍大于外轮萼片；花瓣长圆状倒卵形，长5.5~6 mm，宽约3.5 mm，先端微缺，基部以上腺体靠近；雄蕊长3~3.5 mm，花药先端截形。浆果红色，椭圆形，长约10 mm，稍有光泽，含种子1~2粒。

【分布与习性】西吉县城区部分公园有栽培。适应性强，喜阳，耐半阴，萌蘖力强，耐修剪。扦插、分株或播种繁殖。

【用途】良好的观果、观叶和刺篱材料。

短尾铁线莲 | *Clematis brevicaudata*

科属：毛茛科 Ranunculaceae　铁线莲属 *Clematis*　别名：石通、林地铁线莲

【形态特征】木质藤本。枝有棱，小枝疏生短柔毛或近无毛。一至二回羽状复叶或二回三出复叶，有5～15小叶，有时茎上部为三出叶；小叶长卵形、卵形至卵状披针形或披针形，长1.5～6 cm，宽0.7～3.5 cm，顶端渐尖或长渐尖，基部圆形、截形至浅心形，有时楔形，边缘疏生粗锯齿或牙齿，有时3裂，两面近无毛或疏生短柔毛。圆锥状聚伞花序腋生或顶生，常比叶短；花梗长1～1.5 cm，有短柔毛；花直径1.5～2 cm；萼片4，开展，白色，狭倒卵形，长约8 mm，两面均有短柔毛，内面较疏或近无毛；雄蕊无毛，花药长2～2.5 mm。瘦果卵形，长约3 mm，宽约2 mm，密生柔毛，宿存花柱长1.5～2（3）cm。花期7～9月，果期9～10月。

【分布与习性】分布在西吉县沙沟乡、白崖乡。生于山地灌丛或疏林中。耐寒，耐旱，较喜光，但不耐暑热强光。

【用途】茎入药。

长瓣铁线莲 | *Clematis macropetala*

科属:毛茛科 Ranunculaceae   铁线莲属 *Clematis*   **别名**:大瓣铁线莲

【形态特征】木质藤本,长约2 m。幼枝微被柔毛,老枝光滑无毛。二回三出复叶,小叶9,纸质,卵状披针形或菱状椭圆形,小叶柄短;叶柄长3~5.5 cm,微被稀疏柔毛。花单生于当年生枝顶端。瘦果倒卵形,长5 mm,粗2~3 mm,疏被柔毛,宿存花柱长4~4.5 cm,向下弯曲,被灰白色长柔毛。花期7月,果期8月。

【分布与习性】分布于西吉县火石寨自然保护区。生于荒山坡、草坡岩石缝中及林下。耐寒,耐旱,较喜光,但不耐暑热强光,喜深厚、肥沃、排水良好的土壤。

【用途】水土保持和观赏树种。

小叶铁线莲 | *Clematis nannophylla*

科属：毛茛科 Ranunculaceae 铁线莲属 *Clematis*

【形态特征】直立小灌木，高30～100 cm。枝有棱，带红褐色，小枝有较密伏贴短柔毛，后脱落。单叶对生或数叶簇生，几无柄或柄长达4 mm；叶近卵形，长0.5～1 cm，宽3～8 mm，羽状全裂，有裂片2～3（4）对，或裂片2～3裂，裂片或小裂片椭圆形至宽倒楔形或披针形，长1～4 mm，有不等2～3缺刻状小牙齿或全缘，无毛或有短柔毛。花单生或聚伞花序有花3朵；萼片4，向上斜展呈钟状，黄色，长椭圆形至倒卵形，长0.8～1.5 cm，宽5～7 mm，外面有短柔毛，边缘密生绒毛，内面有短柔毛或近无毛；雄蕊无毛，花丝披针形，长于花药。瘦果椭圆形，扁，长约5 mm，有柔毛，宿存花柱长约2 cm，有黄色绢毛。花期7～8月。

【分布与习性】分布于西吉县沙沟乡。生于山坡上。耐寒，耐旱，较喜光，但不耐暑热强光。

【用途】水土保持和观赏树种。

甘青铁线莲 | *Clematis tangutica*

科属：毛茛科 Ranunculaceae　铁线莲属 *Clematis*

【**形态特征**】木质藤本，在荒漠地区呈矮小灌木状。枝被柔毛。一至二回羽状复叶；小叶菱状卵形或窄卵形，长1～6cm，先端尖，具小牙齿，两面脉疏被柔毛；叶柄长2～6cm。花单生于枝顶或1～3朵组成腋生花序，花序梗长0.3～3cm；苞片似小叶；花梗长3.5～16.5cm；萼片4，黄色，具时带紫色，窄卵形或长圆形，长1.5～4cm，顶端常骤尖，疏被柔毛，边缘被柔毛；花丝被柔毛，花药窄长圆形，长2～3mm，无毛，顶端具不明显小尖头。瘦果菱状倒卵圆形，长约4.5mm，被毛，宿存花柱长达5cm。花期6～9月。

【**分布与习性**】分布在西吉县沙沟乡、白崖乡。生于山坡草地或灌丛中。播种繁殖。

【**用途**】全草入药。

紫斑牡丹 *Paeonia rockii*

原所在科：毛茛科 Ranunculaceae

科属：芍药科 Paeoniaceae　芍药属 *Paeonia*

【形态特征】落叶灌木。茎皮褐灰色。二或三回羽状复叶，叶柄长10~15 cm，小叶卵状披针形，长2.5~11 cm，基部圆钝，先端渐尖，多全缘，少数（常常是顶生小叶）3深裂，正面无毛或主脉上有白色长柔毛，背面多少被白色长柔毛。花单朵顶生，直径达19 cm；花瓣通常白色，稀淡粉红色，基部内面具一紫色大斑块；雄蕊极多数，花丝和花药黄色；花盘花期全包心皮，黄色；心皮5，密被绒毛，柱头黄色。蓇葖果（幼）长椭圆形，长2.5 cm，直径1 cm。花期4月下旬至5月中旬。

【分布与习性】西吉县城区、兴平乡等地有栽培。喜温暖、阳光充足的环境，宜在疏松、深厚、肥沃、地势高、排水良好的中性沙壤土中生长。繁殖方法有分株、嫁接、播种等。

【用途】观赏树种。根皮供药用。

二球悬铃木 | *Platanus acerifolia*

科属： 悬铃木科 Platanaceae　　悬铃木属 *Platanus*　　**别名：** 法国梧桐

【形态特征】落叶大乔木，高30多米；树皮有浅沟，呈小块状剥落。嫩枝被黄褐色绒毛。叶阔卵形，通常3浅裂，稀5浅裂，宽10~22 cm，长度比宽度略小；基部截形、微心形，或稍呈楔形；裂片短三角形，宽度远较长度大，边缘有数个粗大锯齿；正面和背面初被灰黄色绒毛，不久即脱落，仅背面脉上有毛，掌状脉3条，离基部约1 cm；叶柄长4~7 cm，密被绒毛；托叶较大，长2~3 cm，基部鞘状，上部扩大呈喇叭形，早落。花通常4~6数，单性，聚成圆球形头状花序；雄花的萼片及花瓣均短小，花丝极短，花药伸长，盾状药隔无毛；雌花基部有长绒毛，萼片短小，花瓣比萼片长4~5倍；心皮4~6，花柱伸长，比花瓣长。头状果序圆球形，单生，稀2，直径约3 cm，宿存花柱极短；小坚果先端钝，基部的绒毛长为坚果一半，不突出头状果序外。花期5月，果期9~10月。

【分布与习性】西吉县城区部分街道有栽培。喜湿润、温暖气候，较耐寒，适生于酸性或中性、排水好、土层深厚、肥沃的土壤。

【用途】行道树。

冰川茶藨子 | *Ribes glaciale*

原所在科：虎耳草科 Saxifragaceae

科属：茶藨子科 Grossulariaceae　茶藨子属 *Ribes*　别名：冰川茶藨

【形态特征】落叶灌木，高2~3（5）m。小枝无毛或微具柔毛，无刺。叶长卵圆形，稀近圆形，长3~5cm，基部圆形或近平截，正面无毛或疏生腺毛，背面无毛或沿叶脉微具柔毛，掌状3~5裂，顶生裂片三角状长卵圆形，先端长渐尖，比侧生裂片长2~3倍，具粗大单锯齿，有时混生少数重锯齿；叶柄长1~2cm，无毛，稀疏生腺毛。花单性，雌雄异株；总状花序直立；雄花序长2~5cm，具花10~30朵；雌花序长1~3cm，具花4~10朵；花序轴和花梗具柔毛和腺毛；花梗长2~4mm；苞片卵状披针形或长圆状披针形；萼筒浅杯形，萼片卵圆形或舌形，直立；花瓣近扇形或楔状匙形；雌花的雄蕊退化，子房无毛，稀微具腺毛，花柱顶端2裂。果实近球形或倒卵状球形，直径5~7mm，红色，无毛。花期4~6月，果期7~9月。

【分布与习性】主要分布于西吉县扫竹岭林场。生于山地灌丛中。耐寒，耐旱，耐瘠薄。

【用途】果实味酸，可供食用。

糖茶藨子 | *Ribes himalense*
原所在科：虎耳草科 Saxifragaceae

科属：茶藨子科 Grossulariaceae　茶藨子属 *Ribes*

【形态特征】落叶小灌木。小枝无毛，无刺。叶卵圆形或近圆形，长5~10 cm，基部心形，掌状3~5裂，裂片卵状三角形，具粗锐重锯齿或杂以单锯齿。花两性，总状花序长5~10 cm，具花8~20朵；花萼绿色带紫红晕或紫红色，无毛，萼筒钟形，萼片倒卵状匙形或近圆形，边缘具睫毛，直立；花瓣近匙形或扇形，边缘微有睫毛，红色或绿色带浅紫红色；子房无毛，花柱顶端2浅裂。果实球形，直径6~7 mm，红色或成熟后紫黑色，无毛。花期4~6月，果期7~8月。

【分布与习性】分布于西吉县火石寨乡。生于疏林或山坡灌丛中。喜光，较耐阴，耐寒性强。播种繁殖。

【用途】水土保持和观赏树种。

附：西吉县火石寨乡尚分布有瘤糖茶藨子 *Ribes himalense* var. *verruculosum*，其主要特点是叶较小，叶背面脉上和叶柄具显著瘤状突起或混生少数短腺毛；总状花序较小，长2.5~5 cm；花近无梗；果实红色。

糖茶藨子

瘤糖茶藨子

尖叶茶藨子

Ribes maximowiczianum

原所在科：虎耳草科 Saxifragaceae

科属：茶藨子科 Grossulariaceae　茶藨子属 *Ribes*

【形态特征】落叶小灌木，高约2m。老枝灰褐色或灰色，皮纵向剥裂，嫩枝棕褐色，无毛，无刺；芽长卵圆形或长圆形，长4~7mm，先端渐尖，具棕褐色鳞片，外面无毛或仅边缘微具短柔毛。叶宽卵圆形或近圆形，长2.5~5cm，宽2~4cm，基部宽楔形至圆形，稀截形，正面深绿色，散生粗伏柔毛，背面色较浅，叶柄长5~10mm，无毛或具疏腺毛。花单性，雌雄异株，组成短总状花序；雄花序长2~4cm，具花10多朵；雌花序较短，具花10朵以下；花萼黄褐色，萼片长卵圆形；花瓣极小，倒卵圆形；子房无毛，雄花的子房不发育；花柱先端2裂。果实近球形，直径6~8mm，红色，无毛。花期5~6月，果期8~9月。

【分布与习性】分布于西吉县火石寨乡。生于疏林或山坡灌丛中。喜光，较耐阴，耐寒性强。播种繁殖。

【用途】水土保持和观赏树种。

美丽茶藨子

Ribes pulchellum
原所在科：虎耳草科 Saxifragaceae

科属：茶藨子科 Grossulariaceae　茶藨子属 *Ribes*　别名：小叶茶藨子

【形态特征】灌木，高1~2m。小枝褐色，被短柔毛；老枝灰褐色，稍剥裂，节上有1对刺，刺长约6 mm。叶近圆形或宽卵形，3深裂，裂片先端尖，基部圆形、截形或微心形，边缘具粗锐或微钝单锯齿，正面被伏生粗毛和柔毛，背面脉腋有簇毛；叶柄长约1 cm，被短柔毛或混生稀疏短腺毛。花单性，雌雄异株，总状花序生于短枝上，花梗和花序轴有短柔毛和腺毛；萼片5，宽卵形，长约1.5 mm，淡红色；花瓣5，鳞片状，长约0.5 mm；雄蕊5；子房下位，花柱1，柱头2裂。浆果近圆形，无毛，直径5~8 mm。花期6月，果期8月。

【分布与习性】主要分布于西吉县扫竹岭林场。生于山地灌丛中。喜温暖、湿润气候，较耐阴，对土壤要求不严。

【用途】观赏灌木。果实可食用。

乌头叶蛇葡萄 | *Ampelopsis aconitifolia*

科属： 葡萄科 Vitaceae　蛇葡萄属 *Ampelopsis*

【形态特征】木质藤本。小枝有纵棱纹，疏被柔毛。卷须2～3叉分枝。掌状5小叶，小叶3～5羽裂或呈粗锯齿状，披针形或菱状披针形，长4～9cm，先端渐尖，基部楔形，两面无毛或背面疏被柔毛，侧脉3～6对；叶柄长1.5～2.5cm，小叶几无柄；托叶褐色，膜质。伞房状复二歧聚伞花序疏散，花序梗长1.5～4cm；花萼碟形，波状浅裂或近全缘；花瓣宽卵形；花盘发达，边缘波状；子房下部与花盘合生，花柱钻形。果实近球形，直径6～8mm，有种子2～3粒，种子腹面两侧洼穴向上达种子上部1/3处。花期5～6月，果期8～9月。

【分布与习性】分布于西吉县火石寨乡。生于沟边、山坡林下灌丛中。较耐寒，耐阴，喜肥沃、疏松的土壤。

【用途】水土保持树种。

五叶地锦 | *Parthenocissus quinquefolia*

科属：葡萄科 Vitaceae　地锦属 *Parthenocissus*　别名：五叶爬山虎、爬山虎

【形态特征】木质藤本。小枝无毛；嫩芽为红色或淡红色；卷须总状5~9分枝，幼时顶端尖细而卷曲，遇附着物时扩大为吸盘。掌状5小叶，小叶倒卵圆形、倒卵状椭圆形或外侧小叶椭圆形，长5.5~15cm，先端短尾尖，基部楔形或宽楔形，有粗锯齿，两面无毛或背面脉上疏被柔毛。圆锥状多歧聚伞花序假顶生，序轴明显，长8~20cm，花序梗长3~5cm；花萼碟形，边缘全缘，无毛；花瓣长椭圆形。果实球形，直径1~1.2cm，有种子1~4粒。花期6~7月，果期8~10月。

【分布与习性】西吉县吉强镇、兴隆镇、兴平乡有栽培。喜阴湿，耐旱，耐寒，对气候、土壤的适应能力很强，在阴湿、肥沃的土壤上生长最佳，也耐瘠薄。

【用途】本种早期为著名的垂直绿化植物，枝叶茂密，分枝多而斜展。

葡 萄 | *Vitis vinifera*

科属：葡萄科 Vitaceae　葡萄属 *Vitis*

【形态特征】木质藤本。小枝无毛或被稀疏柔毛。卷须2叉分枝。叶宽卵圆形，3～5浅裂或中裂，长7～18 cm，先端急尖，基部深心形，基缺凹或圆形，两侧常靠合，每边有22～27锯齿，齿深而粗大，背面疏被柔毛或无毛，基出脉5条；叶柄长4～9 cm。圆锥花序密集或疏散，基部分枝发达，长10～20 cm，花序梗长2～3 cm，几无毛或疏生蛛丝状绒毛；花萼浅碟形，边缘波状；花瓣黏合呈帽状脱落；花盘5浅裂；子房卵圆形。果实球形或椭圆形，直径1.5～2 cm；种子倒卵状椭圆形，腹面两侧洼穴向上达种子1/4处。花期4～5月，果期8～9月。

【分布与习性】零星分布于西吉县各乡镇。对光照和水分要求高，适生于壤土和细沙质壤土。扦插繁殖。

【用途】著名水果，生食或制葡萄干，也可酿酒。

卫 矛 | *Euonymus alatus*

科属： 卫矛科 Celastraceae 卫矛属 *Euonymus* **别名：** 鬼箭羽

【形态特征】灌木，高1~3m。小枝常具2~4列宽阔木栓翅；冬芽圆形，长2mm左右，芽鳞边缘具不整齐细坚齿。叶卵状椭圆形、窄长椭圆形，偶为倒卵形，长2~8cm，宽1~3cm，边缘具细锯齿，两面光滑无毛；叶柄长1~3mm。聚伞花序有花1~3朵；花序梗长约1cm，小花梗长5mm；花白绿色，直径约8mm，4数；萼片半圆形；花瓣近圆形；雄蕊着生于花盘边缘，花丝极短，开花后稍伸长，花药长方形，2室顶裂。蒴果1~4深裂，裂瓣椭圆形，长7~8mm；种子椭圆形或阔椭圆形，长5~6mm，种皮褐色或浅棕色，假种皮橙红色，全包种子。花期5~6月，果期7~10月。

【分布与习性】分布于西吉县火石寨乡。生于山坡、沟边。耐旱。播种或扦插繁殖。

【用途】水土保持和园林绿化树种。带栓翅的枝条入药，叫作鬼箭羽。

纤齿卫矛 | *Euonymus giraldii*

科属：卫矛科 Celastraceae　卫矛属 *Euonymus*　别名：巴山卫矛、美丽卫矛

【形态特征】匍匐灌木，高1~3m；冬芽细长，先端尖。叶纸质，卵形、阔卵形或长卵形，稀长圆状倒卵形或椭圆形，长3~7cm，宽2~3cm，先端渐尖或稍钝，基部阔楔形至近圆形，边缘具细密浅锯齿或明显的纤毛状深锯齿，网脉细密而明显；叶柄长3~5mm。聚伞花序，花序梗长3~5cm，顶端有3~5分枝，分枝长1.5~3cm，最外一对较短；小花梗长1~2cm；花淡绿色，有时稍带紫色，直径6~10mm，4数；花瓣近圆形；花萼、花瓣常具明显脉；雄蕊花丝长不及1mm；花盘扁厚；子房有短花柱，柱长约1mm。蒴果扁圆形，直径8~12mm，有4翅；果梗细，长可达9cm；种子椭圆状卵形，长5~8mm，棕褐色，有光泽。花期5~9月，果期8~11月。

【分布与习性】分布于西吉县火石寨乡。生于山坡林中或路旁。喜光，耐旱，耐寒。播种或扦插繁殖。

【用途】水土保持和园林绿化树种。

冬青卫矛 | *Euonymus japonicus*

科属：卫矛科 Celastraceae　卫矛属 *Euonymus*　别名：扶芳树、大叶黄杨

【形态特征】灌木，高可达3m。小枝具4棱。叶革质，有光泽，倒卵形或椭圆形，长3~5cm，宽2~3cm，先端圆钝或急尖，基部楔形，边缘具浅细钝齿；叶柄长约1cm。聚伞花序有花5~12朵，花序梗长2~5cm，2~3次分枝，第三次分枝常与小花梗等长或较短；小花梗长3~5mm；花白绿色，直径5~7mm；花瓣近卵圆形，长宽各约2mm，雄蕊花药长圆形，内向；花丝长2~4mm；子房每室2胚珠，着生于中轴顶部。蒴果近球形，直径约8mm，淡红色。种子每室1粒，顶生，椭圆形，长约6mm，直径约4mm，假种皮橘红色，全包种子。花期6~7月，果熟期9~10月。

【分布与习性】西吉县吉强镇、将台堡镇有栽培。喜光，稍耐阴，有一定的耐寒性，对土壤要求不严。扦插、嫁接、压条繁殖。

【用途】园林绿化树种。

白　杜 | *Euonymus maackii*

科属：卫矛科 Celastraceae　　卫矛属 *Euonymus*　　**别名：**丝棉木、桃叶卫矛

【形态特征】小乔木，高可达6m。叶卵状椭圆形、卵圆形或窄椭圆形，长4~8cm，宽2~5cm，先端长渐尖，基部阔楔形或近圆形，边缘具细锯齿，有时极深而锐利；叶柄通常细长，常为叶片的1/4~1/3，但有时较短。聚伞花序，花序梗略扁，长1~2cm；花4数，淡白绿色或黄绿色，直径约8mm；小花梗长2.5~4mm；雄蕊花药紫红色，花丝细长，长1~2mm。蒴果倒圆心形，4浅裂，长6~8mm，直径9~10mm，成熟后果皮粉红色；种子长椭圆形，长5~6mm，直径约4mm，种皮棕黄色，假种皮橙红色，全包种子，成熟后顶端常有小口。花期5~6月，果期9月。

【分布与习性】西吉县城区、马建乡、平峰镇有栽培。喜光，耐寒，耐旱，稍耐阴，也耐水湿，生长较慢，宜栽植于肥沃、湿润的土壤中。播种或扦插繁殖。

【用途】园林绿化树种。

小卫矛 | *Euonymus nanoides*

科属：卫矛科 Celastraceae　卫矛属 *Euonymus*　**别名**：山地卫矛

【形态特征】小灌木，高50 cm左右。枝条披散，老枝常具栓翅，小枝具乳突状毛或近无毛。叶椭圆状披针形、线状披针形，或窄长椭圆形，长1~2 cm，宽2~8 mm，叶背近脉处常疏生短粗毛或乳突状毛；叶柄长1~2 mm。聚伞花序有花1~2朵，偶为3朵，花序梗、小花梗通常均极短，长仅2~3 mm；花黄绿色，直径约5 mm；花萼长圆形；花瓣宽卵形，基部窄缩；花盘微4裂，雄蕊着生于其边缘，花丝长约1 mm；子房有4微棱，花柱短，柱头扁圆形。蒴果成熟时紫红色，近圆球形，上部1~4浅裂；果梗长2~4 mm；种子紫褐色，类球形，直径5 mm，假种皮橙色，全包种子，仅顶端有小口。花期4~5月，果熟期8~9月。

【分布与习性】广泛分布在西吉县土石山区。生于山林、峭壁等处。耐寒，耐旱，耐瘠薄。播种繁殖。

【用途】水土保持树种。

矮卫矛 | *Euonymus nanus*

科属： 卫矛科 Celastraceae　卫矛属 *Euonymus*

【形态特征】小灌木，直立，有时匍匐，高约1 m。枝条绿色，具多数纵棱。叶互生或3叶轮生，偶有对生，线形或线状披针形，长1.5~3.5 cm，宽2.5~6 mm，先端圆钝，具短刺尖，基部钝或渐窄，边缘具稀疏短刺齿，常反卷，主脉明显，侧脉不明显；近无柄。聚伞花序有花1~3朵；花序梗细长，丝状，长2~3 cm；小花梗丝状，长8~15 mm，紫棕色；花紫绿色，直径7~8 mm，4数；雄蕊无花丝，花药顶裂；子房每室3~4胚珠。蒴果粉红色，扁圆形，4浅裂，长约7 mm，直径约9 mm；种子稍扁球形，种皮棕色，假种皮橙红色，包围种子一半。花期5月上旬至7月下旬，果期8~9月。

【分布与习性】零星分布于西吉县扫竹岭林场。生于河滩灌丛中、崖下草地或路边草地。喜阴湿。播种、扦插繁殖。

【用途】水土保持树种。

栓翅卫矛 | *Euonymus phellomanus*

科属：卫矛科 Celastraceae　卫矛属 *Euonymus*　别名：木栓翅、水银木

【形态特征】灌木，高3~4m。枝条硬直，常具4纵列木栓质翅，在老枝上宽5~6mm。叶长椭圆形或椭圆状倒披针形，长6~11cm，宽2~4cm，先端窄长渐尖，边缘具细密锯齿；叶柄长8~15mm。聚伞花序2~3次分枝，有花7~15朵；花序梗长10~15mm，第一次分枝长2~3mm，第二次分枝极短或近无；小花梗长达5mm；花白绿色，直径约8mm，4数；雄蕊花丝长2~3mm；花柱短，长1~1.5mm，柱头圆钝，不膨大。蒴果具4棱，倒圆心形，长7~9mm，直径约1cm，粉红色；种子椭圆形，长5~6mm，直径3~4mm，种脐、种皮棕色，假种皮橘红色，全包种子。花期7月，果期9~10月。

【分布与习性】分布于西吉县火石寨乡。生于海拔2100m左右的山坡林缘或灌丛中。喜光，对气候适应性强，耐寒，耐旱，萌发力强，耐修剪。播种繁殖。

【用途】园林美化和观赏树种。栓翅入药。

冷地卫矛 | *Euonymus frigidus*

科属：卫矛科 Celastraceae　卫矛属 *Euonymus*　**别名**：紫花卫矛、大理卫矛

【形态特征】落叶灌木，高0.1~3.5m。叶厚纸质，椭圆形或窄倒卵形，长6~15cm，宽2~6cm，先端急尖或钝，有时尾尖，基部多为阔楔形或楔形，边缘有较硬锯齿，侧脉6~10对，在两面均较明显；叶柄长6~10mm。聚伞花序松散；花序梗长而细弱，长2~5cm，顶端具3~5分枝，分枝长1.5~2cm；小花梗长约1cm；花紫绿色，直径1~1.2cm；萼片近圆形；花瓣阔卵形或近圆形；花盘微4裂，雄蕊着生于裂片上，无花丝；子房无花柱。蒴果具4翅，长1~1.4cm，翅长2~3mm，常微下垂；种子近圆盘状，稍扁，直径6~8mm，包于橙色假种皮内。花期5~7月，果期8~10月。

【分布与习性】分布在西吉县扫竹岭林场。多生于阴坡杂木林中。耐阴，喜湿润、肥沃土壤。播种或扦插繁殖。

【用途】水土保持和园林观赏树种。

石枣子 | *Euonymus sanguineus*

科属： 卫矛科 Celastraceae　　卫矛属 *Euonymus*　　**别名：** 披针叶石枣子

【形态特征】落叶灌木，高可达8m。小枝紫色或紫黑色。叶对生，厚纸质或近革质，卵形、倒卵状椭圆形或椭圆形，长4~9cm，先端短渐尖或渐尖，基部宽楔形或近圆形，具细密锯齿，齿向上内弯，侧脉4~7对；叶柄长0.5~1cm。聚伞花序有3~5细长分枝；花序梗长4~6cm；除中央枝单花外，其余常具1对3花小聚伞花序；花4数，白绿色，直径6~7mm；萼片半圆形；花瓣卵圆形；雄蕊生于方形花盘上面边缘，无花丝；子房4~5室。蒴果扁球形，直径约1cm，成熟时带紫红色，4棱，每棱有微呈三角形的翅，翅长4~6mm；每室具2粒种子；种子黑色，具红色假种皮。

【分布与习性】分布在西吉县土石山区。生于山坡灌丛中。耐寒，喜阴凉、湿润气候。播种繁殖。

【用途】秋叶火红，可驯化用作园林观赏树种。树皮含硬橡胶。

中亚卫矛 | *Euonymus semenovii*

科属： 卫矛科 Celastraceae　　卫矛属 *Euonymus*　　**别名：** 八宝茶

【形态特征】小灌木，高30～150 cm。枝常具4栓棱或窄翅。叶卵状披针形、窄卵形或线形，长1.5～6.5 cm，宽0.4～2.5 cm，先端渐窄，基部圆形或楔形，边缘有细密浅锯齿，侧脉较多而密接，7～10对，细弱；叶柄长3～6 mm。聚伞花序多具2次分枝，通常有花7朵，稀3朵；花序梗细长，通常长2～4 cm，分枝长，中央小花梗明显较短；花紫棕色，4数，直径约5 mm；雄蕊无花丝，着生于花盘四角的突起上；子房无花柱，柱头平，微4裂，中央十字沟状。蒴果倒心形，4浅裂，长7～10 mm，直径9～12 mm，顶端浅心形，基部突然窄缩成短柄状；种子黑棕色，种脐近三角形，假种皮橙黄色，大部包围种子，近顶端一侧开裂。

【分布与习性】分布于西吉县扫竹岭林场。生于山地阴处林下或灌丛中。适应性强，耐寒、耐阴、耐修剪、耐旱，喜湿润、肥沃土壤。播种或扦插繁殖。

【用途】水土保持和园林观赏树种。

瘤枝卫矛 | *Euonymus verrucosus*

科属：卫矛科 Celastraceae　　卫矛属 *Euonymus*　　别名：少花瘤枝卫矛

【形态特征】落叶灌木，高1~3 m。小枝常被黑褐色长圆形木栓质扁瘤突。叶纸质，倒卵形或长圆状倒卵形，长3~6 cm，宽1.5~3.5 cm，先端长渐尖，基部阔楔形或近圆形，边缘有细密浅锯齿，侧脉4~7对，纤细，叶片两面密被柔毛；叶近无柄。聚伞花序有花1~3朵，很少4~5朵；花序梗细长，长2~3 cm；小花梗长约3 mm，中央花常无梗或具长2 mm以下小花梗；花紫红色或红棕色，直径6~8 mm；萼片有缘毛；花瓣近圆形；花盘扁平圆形；雄蕊着生于花盘近边缘处，无花丝；子房大部生于花盘内，柱头小。蒴果黄色或极浅黄色，倒三角形，上部4裂稍深，直径约8 mm；果梗细长，长2.5~6 cm；小果梗长3~5 mm；种子长圆形，长约6 mm，棕红色，假种皮红色，全包种子。

【分布与习性】西吉县白崖乡、沙沟乡有分布。生于山地树林中。耐寒，喜阴凉、湿润气候。播种繁殖。

【用途】可驯化用作园林观赏树种。

一叶萩 *Flueggea suffruticosa*

原所在科：大戟科 Euphorbiaceae

科属：叶下珠科 Phyllanthaceae　　白饭树属 *Flueggea*　　别名：叶底珠

【形态特征】灌木，高可达3m；全株无毛。叶纸质，椭圆形或长椭圆形，长1.5~8cm，全缘或间有不整齐波状齿或细齿，背面淡绿色，侧脉5~8对，两面凸起叶柄长2~8mm；托叶卵状披针形，宿存。花簇生于叶腋，雄花3~18朵簇生，花梗长2.5~5.5mm，萼片5，雄蕊5，花盘腺体5；雌花花梗长0.2~1.5cm，萼片5，花盘盘状，全缘或近全缘；子房卵圆形，3（2）室，花柱3，分离或基部合生。蒴果三棱状扁球形，直径约5mm，成熟时淡红褐色，有网纹，3裂，具宿存萼片。花期3~8月，果期6~11月。

【分布与习性】分布于西吉县火石寨乡。耐旱，耐寒，适应性较强。播种繁殖。

【用途】园林观赏树种。枝条可编制用具，花和叶供药用。

银白杨 | *Populus alba*

科属：杨柳科 Salicaceae　杨属 *Populus*

【形态特征】乔木，高可达30 m；树皮白色或灰白色。幼枝被白色绒毛，萌枝密被绒毛。芽密被白绒毛，后脱落。萌枝和长枝上的叶卵圆形，掌状3～5浅裂，长4～10 cm，裂片先端钝尖，基部宽楔形、圆形、平截或近心形，裂片边缘有不规则凹缺，初两面被白绒毛，后正面脱落；短枝上的叶长4～8 cm，卵圆形或椭圆状卵形，基部宽楔形、圆形、稀微心形或平截，有不规则钝齿，正面光滑，背面被白色绒毛；叶柄短于或等于叶片，略侧扁，被白色绒毛。雄花序长3～6 cm，花序轴有毛，苞片膜质，宽椭圆形，长约3 mm，边缘有不规则齿和长毛，花盘有短梗，宽椭圆形，歪斜，雄蕊8～10；雌花序长5～10 cm，花序轴有毛，雌蕊具短柄，花柱短，柱头2裂，有淡黄色长裂片。蒴果细圆锥形，长约5 mm，2瓣裂，无毛。花期4～5月，果期5月。

【分布与习性】西吉县普遍栽培，多栽培于村庄附近。耐寒，深根性，萌蘖力强，抗风力强，对土壤要求不严，不耐湿热。扦插或播种繁殖。

【用途】防风固沙、护堤固土和绿化树种。

新疆杨 | *Populus alba* var. *pyramidalis*

科属： 杨柳科 Salicaceae　　杨属 *Populus*

【形态特征】乔木，高可达30 m；树皮灰绿色，光滑，老时灰褐色，基部浅裂。小枝灰绿色，密被绒毛，后脱落。芽圆锥形，被绒毛，无黏质。短枝上的叶近圆形或椭圆形，长3.5~4.5 cm，宽3~4 cm，先端尖，茎部近截形或微心形，边缘具粗钝齿，正面绿色，无毛，背面灰绿色，幼时密被灰白色绒毛，后脱落；长枝上的叶较大，长8~15 cm，3~5浅裂；叶柄长2.5~4 cm，侧扁，初被绒毛，后光滑。

【分布与习性】西吉县各乡镇均有栽培。喜光，不耐阴，耐寒，抗风力强，生长快。插条繁殖。

【用途】防风固沙、护堤固土和绿化树种。

加　杨 | *Populus × canadensis*

科属：杨柳科 Salicaceae　　杨属 *Populus*　　**别名**：加拿大杨

【形态特征】大乔木，高可达30 m。萌枝及苗茎有棱角，小枝稍有棱角，无毛，稀微被柔毛。芽先端反曲，多黏质。叶三角形或三角状卵形，长7～10 cm，长枝和萌枝上的叶长10～20 cm，先端渐尖，基部平截或宽楔形，无或有1～2腺体，边缘半透明，有圆锯齿，近基部较疏，具短缘毛，背面淡绿色；叶柄侧扁而长。雄花序长7～15 cm，花序轴光滑，每花有雄蕊15～25（40）；苞片淡绿褐色，丝状深裂，无毛，花盘淡黄绿色，全缘；雌花序有花45～50朵，柱头4裂。果序长达27 cm；蒴果长圆形，长约8 mm，顶端尖，2～3瓣裂。雄株多，雌株少。花期4月，果期5～6月。

【分布与习性】西吉县城区、将台堡镇有分布。适应性强，喜温暖、湿润气候，能在瘠薄及微碱性土壤上生长，生长迅速。扦插繁殖。

【用途】宜用作行道树、庭院树、公路树及防护林等。木材可供制家具和造纸等。

青 杨 | *Populus cathayana*

科属：杨柳科 Salicaceae　杨属 *Populus*

【形态特征】乔木，高可达30m。幼枝无毛。芽长圆锥形，无毛，多黏质。短枝上的叶卵形、椭圆状卵形、椭圆形或窄卵形，长5~10cm，中部以下最宽，先端渐尖或骤尖，基部圆形，稀近心形或宽楔形，边缘具带腺点的圆钝细锯齿，背面绿白色，侧脉5~7，无毛，叶柄圆柱形，长2~7cm，无毛；长枝或萌枝上的叶卵状长圆形，长10~20cm，基部常微心形，叶柄圆柱形，长1~3cm，无毛。雄花序长5~6cm，雄蕊30~35，苞片条裂，无毛；雌花序长4~5cm，柱头2~4裂。果序长10~15（20）cm；蒴果卵圆形，长6~9mm，3（2）~4瓣裂。花期3~5月，果期5~7月。

【分布与习性】分布于西吉县各乡镇。生于沟谷、河岸和阴坡。喜光，也稍耐阴，对土壤要求不严，耐旱，但不耐涝。播种、扦插繁殖。

【用途】绿化及防风固沙树种。木材可供制家具及建筑用。

山 杨 | *Populus davidiana*

科属： 杨柳科 Salicaceae　杨属 *Populus*

【形态特征】乔木，高可达25 m。小枝光滑，萌枝被柔毛。芽无毛，微黏质。叶三角状宽卵形或近圆形，长宽均3～6 cm，基部圆形、平截或浅心形，有密波状浅齿，萌枝上的叶三角状卵圆形，背面被柔毛；叶柄侧扁，长2～6 cm。花序轴有毛；苞片掌状条裂，边缘有密长毛；雄花序长5～9 cm，雄蕊5～12，花药紫红色；雌花序长4～7 cm，柱头带红色。果序长达12 cm；蒴果卵状圆锥形，长约5 mm，有短柄，2瓣裂。花期3～4月，果期4～5月。

【分布与习性】西吉县白崖乡、火石寨乡、沙沟乡有分布。多生于山坡、山脊和沟谷。喜光，耐寒，耐旱，耐瘠薄。分根、分株和播种繁殖。

【用途】荒山绿化和水土保持树种。

西吉青皮河北杨 | *Populus* × *hopeiensis* 'Xiji Qingpi'

科属：杨柳科 Salicaceae　杨属 *Populus*

【形态特征】乔木，高20~30 m；树皮白色，光滑。小枝灰褐色，无毛，幼时黄褐色，微有棱；冬芽卵形，先端尖，幼时微有毛。叶三角状卵形或近圆形，长3.5~8.6 cm，宽3~10 cm，先端钝尖，基部截形或圆形，边缘有不规则缺刻或波状齿，初时两面脉上有短绒毛，后无毛，背面苍绿色或苍白色；叶柄长2~5 cm，扁平。雄花有雄蕊6；雌花序长5~8 cm；苞片有白色长睫毛；柱头2裂。

【分布与习性】西吉县特有树种，各乡镇均有分布。适应性强，耐瘠薄。对锈病、叶斑病、树干溃疡病、红心病抗性极强，特别是对天牛具有较强的抗性。扦插繁殖。

【用途】防风固沙、护堤固土和绿化树种。

小叶杨 | *Populus simonii*

科属： 杨柳科 Salicaceae　　杨属 *Populus*　　**别名：** 河南杨、青杨

【形态特征】乔木，高可达20 m，胸径50 cm以上。幼树小枝及萌枝有棱脊，常红褐色，老树小枝圆，无毛。芽细长，黏质。叶菱状卵形、菱状椭圆形或菱状倒卵形，长3~12 cm，中部以上较宽，先端骤尖或渐尖，基部楔形、宽楔形或窄圆形，具细锯齿，无毛，背面灰绿色或微白；叶柄圆筒形，长0.5~4 cm，无毛。雄花序长2~7 cm，花序轴无毛，苞片细条裂，雄蕊8~9（25）；雌花序长2.5~6 cm；苞片淡绿色，裂片褐色，2（3）瓣裂，无毛。蒴果小，无毛；果序长达15 cm。花期3~5月，果期4~6月。

【分布与习性】西吉县各乡镇均有分布。生于村旁路边。喜光，适应性强，耐旱，耐寒，耐瘠薄。可用插条、埋条（干）、播种等方法繁殖。

【用途】防风固沙、护堤固土和绿化树种。

银 柳 | *Salix argyracea*

科属： 杨柳科 Salicaceae　柳属 *Salix*

【形态特征】大灌木，高4~5 m；树皮灰色。小枝淡黄色至褐色，无毛，嫩枝有短绒毛。芽卵圆形，钝，褐色，初有短绒毛，后脱落。叶倒卵形、长圆状倒卵形，稀长圆状披针形或阔披针形，长4~10 cm，宽1.5~3 cm，先端短渐尖，基部楔形，边缘有带腺锯齿，正面绿色，初有灰绒毛，后脱落，背面密被绒毛，有光泽，中脉淡褐色，侧脉8~18对，呈钝角开展；叶柄长5~10 mm，褐色，有绒毛；托叶披针形或卵圆状披针形，边缘有带腺锯齿，早落。花先叶开放，雄花序几无梗，长约2 cm；雄蕊2，离生，无毛；腺1；雌花序具短花序梗，长2~4 cm，果期伸长；子房卵状圆锥形，密被灰绒毛，子房柄远短于腺体，花柱长约1 mm，褐色，柱头约与花柱等长；苞片卵圆形，先端尖或微钝，黑色，密被灰色长毛；腺1，腹生。花期5~6月，果期7~8月。

【分布与习性】主要分布在西吉县兴隆镇、兴平乡。生于山地云杉林缘或林中空地。生长发育迅速，喜光、喜温、耐湿、喜肥沃、疏松、湿润土壤。扦插繁殖。

【用途】良好的造林、绿化、薪炭、防风、固沙树种，优良的观芽植物。

垂 柳 | *Salix babylonica*

科属： 杨柳科 Salicaceae　柳属 *Salix*

【形态特征】乔木，高可达18 m。枝细长，下垂，无毛。叶窄披针形或线状披针形，长9~16 cm，基部楔形，两面无毛或微有毛，背面淡绿色，有锯齿；叶柄长0.5（0.3）~1 cm，有柔毛，萌枝上的托叶斜披针形或卵圆形，有牙齿。花先叶开放，或与叶同放；雄花序长1.5~2 cm，有短梗，轴有毛；雄蕊2，花丝与苞片近等长或较长，基部多少有长毛，花药红黄色；苞片披针形，外面有毛；腺体2；雌花序长2~3（5）cm，有梗，基部有3~4小叶，轴有毛；子房无柄或近无柄，花柱短，柱头2~4深裂；苞片披针形，长1.8~2（2.5）mm，外面有毛；腺体1。蒴果长3~4 mm。花期3~4月，果期4~5月。

【分布与习性】西吉县各乡镇均有栽培。喜光，喜温暖、湿润气候，萌蘖力强，根系发达，生长迅速。扦插繁殖。

【用途】园林绿化、美化树种。木材可供制家具，枝条可编筐，叶可作为羊饲料。

乌　柳 | *Salix cheilophila*

科属： 杨柳科 Salicaceae　柳属 *Salix*　**别名：** 毛柳

【形态特征】灌木或小乔木。幼枝被毛，后无毛。芽具长柔毛。叶线形或线状倒披针形，长2.5~3.5（5）cm，正面疏被柔毛，背面灰白色，密被绢状柔毛，边缘外卷，上部具腺齿，下部全缘；叶柄长2~3mm，具柔毛。花叶同放，近无梗，基部具2~3小叶；雄花序长1.5~2.3cm，直径3~4mm，密花；雄蕊2，合生，花丝无毛，花药4室；苞片倒卵状长圆形；腺体1，腹生，窄长圆形；雌花序长1.3~2cm，直径1~2mm（果序长达3.5cm），密花，花序轴具柔毛；子房密被短毛，无柄，花柱短或无，柱头小；苞片近圆形，长为子房的2/3，基部有柔毛；腺体同雄花。蒴果长3mm。花期4~5月，果期5月。

【分布与习性】零星分布于西吉县扫竹岭林场。多生于山坡林缘、河滩及水沟边。扦插繁殖。

【用途】防风固沙、造林树种。

旱 柳 | *Salix matsudana*

科属： 杨柳科 Salicaceae　柳属 *Salix*　**别名：** 柳树

【形态特征】乔木，高可达18 m，胸径80 cm。枝细长，直立或斜展，无毛，幼枝有毛。芽微有柔毛。叶披针形，长5~10 cm，基部窄圆形或楔形，背面苍白色或带白色，有细腺齿，幼叶有丝状柔毛；叶柄长5~8 mm，正面有长柔毛；托叶披针形或缺，有细腺齿。花叶同放；雄花序圆柱形，长1.5~2.5（3）cm，直径6~8 mm，多少有花序梗，轴有长毛；雄蕊2，花丝基部有长毛；苞片卵形；腺体2；雌花序长2 cm，直径4 mm，基部有3~5小叶生于短花序梗上，轴有长毛；子房近无柄，无毛，无花柱或很短，柱头卵形，近圆裂；苞片同雄花；腺体2，背生和腹生。果序长达2（2.5）cm。花期4月，果期4~5月。

【分布与习性】西吉县各乡镇均有分布。耐旱，耐水湿，耐寒，适应性强。扦插和埋条繁殖。

【用途】优良的护岸、防风树种，也可用作庭院树及行道树。木材可供制家具。

附：西吉县还栽培有以下旱柳品种。

龙爪柳 *Salix matsudana* f. *tortuosa*：与正种的主要区别为枝条卷曲向上。多作为庭院绿化树种。

绦柳 *Salix matsudana* 'Pendula'：主要特点为小枝细长，下垂，淡紫绿色或褐绿色，寿命短，30年后渐趋衰老。

旱柳

旱柳

龙爪柳

绦柳

彩叶杞柳 | *Salix integra* 'Hakuro Nishiki'

科属：杨柳科 Salicaceae　柳属 *Salix*　**别名**：花叶杞柳

【形态特征】落叶灌木，无明显主干，自然状态下呈灌丛状；高1～3m，树冠广展；树皮灰绿色。嫩枝粉红色，枝条放射状，紧密。芽卵形，尖，黄褐色，无毛。叶近对生或对生。花先叶开放，花序长1～2（2.5）cm，基部有小叶；苞片倒卵形，褐色至近黑色，被柔毛，稀无毛；腺体1，腹生；雄蕊2，花丝合生，无毛；子房长卵圆形，有柔毛，几无柄，花柱短，柱头小，2～4裂。蒴果长2～3mm，有毛。花期5月，果期6月。

【分布与习性】西吉县各乡镇均有栽培。喜光，也略耐阴，能耐-20℃的低温。扦插繁殖。

【用途】园林绿化、美化彩叶树种。

中国黄花柳 | *Salix sinica*

科属：杨柳科 Salicaceae　柳属 *Salix*

【形态特征】灌木或小乔木。叶卵状长圆形、宽卵形或倒卵状长圆形，长5~7 cm，先端短渐尖或急尖，基部圆形，幼叶有柔毛，后无毛，有不规则缺刻或牙齿，或近全缘，常稍反卷；叶柄长约1 cm，托叶半圆形。花先叶开放；雄花序椭圆形或宽椭圆形，长1.5~2.5 cm，直径约1.6 cm，无花序梗；雄蕊2，花丝长8 mm，比苞片长3~4倍，离生；苞片披针形，长约2 mm，上部黑色，两面密被白长毛；仅1腹腺；雌花序短圆柱形，长约2 cm，直径0.8~1 cm，有短花序梗；子房窄圆锥形，长2.5~3 mm，有柔毛，有长柄，长约2 mm，花柱短，柱头2~4裂，苞片和腺体同雄花。蒴果长达6 mm。花期4月下旬至5月上旬，果期5月下旬至6月初。

【分布与习性】零星分布于西吉县扫竹岭林场。生于山坡或林中。喜阴湿，耐寒，适应性强，萌蘖力强。扦插繁殖。

【用途】具有一定的观赏价值，可用于公园景区、庭院绿化美化。

金枝垂柳 | *Salix × aureo-pendula*

科属： 杨柳科 Salicaceae   柳属 *Salix*   **别名：** 金丝柳

【形态特征】落叶乔木，高可达10m，树冠长卵圆形或卵圆形，枝条细长，下垂。小枝黄色或金黄色。叶狭长披针形，长9~14cm，边缘有细锯齿。生长季节枝条为黄绿色，落叶后至早春为黄色，经霜冻后颜色尤为鲜艳。幼树树皮黄色或黄绿色。

【分布与习性】西吉县各乡镇均有分布。喜光，较耐寒，耐旱，适生于湿润、排水良好的土壤。扦插繁殖。

【用途】庭院绿化树种。

皂 柳 | *Salix wallichiana*

科属：杨柳科 Salicaceae　柳属 *Salix*

【形态特征】灌木或乔木。小枝初有毛，后无毛。芽有棱，常外弯，无毛。叶披针形、长圆状披针形、卵状长圆形或窄椭圆形，长4~8（10）cm，正面初有丝毛，后无毛，背面有平伏绢质柔毛或无毛，淡绿色或有白霜，全缘，萌枝上的叶常有细齿；叶柄长约1cm，托叶半心形，有牙齿。花先叶开放或近同放，无花序梗；雄花序长1.5~2.5（3）cm；雄蕊2，花丝离生，无毛或基部有疏柔毛；苞片长圆形或倒卵形，两面有白色长毛；腺1，卵状长方形；雌花序圆柱形，长2.5~4cm；子房窄圆锥形，长3~4mm，密被柔毛，花柱短或明显，柱头直立，2~4裂；苞片长圆形，有长毛，比子房柄长；腺体同雄花。蒴果长达9mm，有毛或近无毛，开裂后果瓣向外反卷。花期4月中下旬至5月初，果期5月。

【分布与习性】分布于西吉县白崖乡、沙沟乡、火石寨乡等土石山区。生于林缘或山坡。喜阴湿，耐旱，适应性强，萌蘖力强。扦插或分蘖繁殖。

【用途】枝条可编筐、篓。

紫穗槐 | *Amorpha fruticosa*

科属：豆科 Fabaceae　紫穗槐属 *Amorpha*　**别名**：紫槐、棉槐、棉条、椒条

【形态特征】落叶灌木，丛生，高1~4m。小枝灰褐色，初疏被毛，后渐脱落，嫩枝密被短柔毛。叶互生，奇数羽状复叶，长10~15cm，有11~25小叶，基部有线形托叶；叶柄长1~2cm；小叶卵形或椭圆形，长1~4cm，宽0.6~2cm，先端圆形，锐尖或微凹，有一短而弯曲的尖刺，基部宽楔形或圆形，正面无毛或疏被毛，背面有白色短柔毛，具黑色腺点。穗状花序常顶生或枝端腋生，长7~15cm，密被短柔毛；花有短梗；苞片长3~4mm；花萼长2~3mm，疏被毛或近无毛，萼齿三角形，较萼筒短；旗瓣心形，紫色，无翼瓣和龙骨瓣；雄蕊10，下部合生成鞘，上部分裂，包于旗瓣之中，伸出花冠外。荚果下垂，长6~10mm，宽2~3mm，微弯曲，顶端具小尖，棕褐色，表面有突起的疣状腺点。花果期5~10月。

【分布与习性】栽培于西吉县城区。耐寒，耐旱，耐瘠薄，耐水湿，耐轻度盐碱。播种、压条、分根、扦插繁殖。

【用途】绿化和水土保持树种。

树锦鸡儿 | *Caragana arborescens*

科属：豆科 Fabaceae　锦鸡儿属 *Caragana*　　别名：蒙古锦鸡儿

【形态特征】小乔木或大灌木，高2~6m。老枝深灰色，平滑，小枝有棱，幼时绿色或黄褐色。小叶长圆状倒卵形。花梗2~5簇生，每梗1花，关节在上部，苞片小，刚毛状；花萼钟状，花冠黄色，旗瓣菱状宽卵形，龙骨瓣较旗瓣稍短，瓣柄较瓣片略短，耳钝或略呈三角形；子房无毛或被短柔毛。荚果圆筒形，无毛。花期5~6月，果期8~9月。

【分布与习性】西吉县火石寨乡有栽培。喜光，亦较耐阴，耐寒性强，耐旱，耐瘠薄。播种繁殖。

【用途】庭园观赏及绿化树种。

矮脚锦鸡儿 | *Caragana brachypoda*

科属：豆科 Fabaceae　锦鸡儿属 *Caragana*　别名：短脚锦鸡儿

【形态特征】矮灌木，高约30 cm。老枝黄褐色或灰褐色，剥裂；小枝褐色或黄褐色；短枝密生。假掌状小叶有2对小叶；托叶在长枝者硬化成针刺，长2~4 mm，宿存；长枝上的叶轴硬化成针刺，长0.4~1 cm，稍弯，宿存，短枝上无明显叶轴；小叶在长枝上假掌状排列，在短枝上簇生，倒披针形，长0.2~1 cm，宽1~3 mm，先端锐尖，有短刺尖，基部楔形，两面被短柔毛。花单生，花梗长2~5 mm，关节在中部以下或基部，被短柔毛；花萼管状，基部一侧呈囊状凸起，长0.9~1.1 cm，宽约4 mm，红紫色或带绿褐色，被粉霜或疏生短柔毛；花冠黄色，旗瓣中部橙黄色或带紫色，长2~2.5 cm，倒卵形，翼瓣短于旗瓣，龙骨瓣与翼瓣近等长；子房无毛或被毛。荚果披针形，扁，长20~27 mm，宽约5 mm，先端渐尖，无毛。花期4~5月，果期6月。

【分布与习性】分布于西吉县白崖乡、沙沟乡、火石寨乡等地。生于山坡、地埂。适应性强，耐旱，耐瘠薄。播种繁殖。

【用途】水土保持树种。

甘肃锦鸡儿 | *Caragana kansuensis*

科属：豆科 Fabaceae　锦鸡儿属 *Caragana*　**别名**：母猪刺

【形态特征】矮灌木，高约60 cm，基部多分枝，开展。枝条细长，灰褐色，疏被伏柔毛，具条棱。假掌状复叶有2对小叶；托叶在长枝者硬化成针刺，长1~3 mm，宿存；长枝上的叶轴硬化成针刺，长0.4~1 cm，宿存，短枝上的针刺长1~2 mm，脱落；小叶在长枝上假掌状排列，在短枝上近簇生，线状倒披针形，长0.5~1.2 cm，宽1~2 mm，先端锐尖，有针刺，基部渐窄，两面几无毛或疏被短柔毛。花单生，花梗长0.5~1.2 cm，关节在中部以上，无毛或疏被柔毛；花萼管状，长6~9 mm，宽3~5 mm，基部一侧呈囊状凸起，萼齿三角形；花冠黄色，旗瓣卵形或宽卵形，长2~2.5 cm，中央有土黄色斑点，翼瓣与龙骨瓣均与旗瓣近等长；子房无毛。荚果圆筒形，长2.5~3.5 cm，宽3~4 mm，无毛。

【分布与习性】分布于西吉县白崖乡、沙沟乡、火石寨乡等地。生于山坡、地埂。耐旱，耐瘠薄。播种繁殖。

【用途】水土保持树种。

柠条锦鸡儿 | *Caragana korshinskii*

科属： 豆科 Fabaceae　锦鸡儿属 *Caragana*　**别名：** 毛条、白柠条、柠条

【形态特征】灌木，有时小乔木状，高1~4m。老枝金黄色，有光泽；嫩枝被白色柔毛。羽状复叶有6~8对小叶；托叶在长枝者硬化成针刺，长3~7mm，宿存；叶轴长3~5cm，脱落；小叶披针形或狭长圆形，长7~8mm，宽2~7mm，先端锐尖或稍钝，有刺尖，基部宽楔形，灰绿色，两面密被白色伏贴柔毛。花梗长6~15mm，密被柔毛，关节在中上部；花萼管状钟形，长8~9mm，宽4~6mm，密被伏贴短柔毛，萼齿三角形或披针状三角形；花冠长20~23mm，旗瓣宽卵形或近圆形，先端平截而稍凹，宽约16mm，具短瓣柄，翼瓣瓣柄细窄，稍短于瓣片，耳短小，齿状，龙骨瓣具长瓣柄，耳极短；子房披针形，无毛。荚果扁，披针形，长2~2.5cm，宽6~7mm，有时疏被柔毛。花期5月，果期6月。

【分布与习性】分布于西吉县各乡镇。生于干旱山坡或山麓石砾滩地、山谷间干河床。喜光，耐旱，根系发达，耐瘠薄。播种繁殖。

【用途】优良的固沙造林和水土保持树种，良好的饲用植物。

白毛锦鸡儿 | *Caragana licentiana*

科属： 豆科 Fabaceae　锦鸡儿属 *Caragana*

【形态特征】灌木，高40~60 cm。老枝绿褐色或红褐色，稍有光泽；嫩枝密被白色柔毛。托叶披针形，长2~7 mm，硬化成针刺，密被灰白色短柔毛；叶柄长2~3 mm，硬化成针刺，宿存；叶假掌状；小叶4，倒卵状楔形或倒披针形，长5~12 mm，宽2~4 mm，先端圆形，有时下凹，具刺尖，基部楔形，两面密被短柔毛。花单生或并生，花梗长6~20 mm，关节在近顶部，被白色短绒毛；花萼管状，长7~10 mm，宽4~5 mm，基部偏斜，被短柔毛；花冠黄色，长20~22 mm，旗瓣宽倒卵形或近圆形，中部有橙黄色斑，先端微凹，基部渐狭成瓣柄，翼瓣的瓣柄与瓣片近等长，耳齿状，长约2 mm，龙骨瓣的瓣柄较瓣片稍长，耳齿状；子房密被白色柔毛。荚果圆筒形，长2.5~3.5 cm，宽3~3.5 mm，密被白色柔毛。花期5~6月，果期7~8月。

【分布与习性】主要分布在西吉县田坪乡、震湖乡、平峰镇。生于干旱山坡。耐旱，喜光，耐瘠薄。播种繁殖。

【用途】水土保持树种，可用于园林绿化。枝条可做饲料。

中间锦鸡儿 | *Caragana liouana*

科属：豆科 Fabaceae　锦鸡儿属 *Caragana*

【形态特征】灌木，高0.7~1.5（2）m。老枝黄灰色或灰绿色，幼枝被柔毛。羽状复叶有3~8对小叶；托叶在长枝者硬化成针刺，长4~7 mm，宿存；叶轴长1~5 cm，密被白色长柔毛，脱落；小叶椭圆形或倒卵状椭圆形，长3~10 mm，宽4~6 mm，先端圆形或锐尖，很少截形，有短刺尖，基部宽楔形，两面密被长柔毛。花梗长10~16 mm，关节在中部以上，很少在中下部；花萼管状钟形，长7~12 mm，宽5~6 mm，密被短柔毛，萼齿三角形；花冠黄色，长20~25 mm，旗瓣宽卵形或近圆形，瓣柄为瓣片的1/4~1/3，翼瓣长圆形，先端稍尖，瓣柄与瓣片近等长，耳不明显；子房无毛。荚果披针形或长圆状披针形，扁，长2.5~3.5 cm，宽5~6 mm，先端短渐尖。花期5月，果期6月。

【分布与习性】分布于西吉县各乡镇。生于黄土丘陵地。喜光，耐高温，耐旱。播种繁殖。

【用途】水土保持和固沙造林的主要灌木树种。

甘蒙锦鸡儿 | *Caragana opulens*

科属： 豆科 Fabaceae　锦鸡儿属 *Caragana*

【形态特征】灌木，高40~60 cm；树皮灰褐色，有光泽。小枝细长，带灰白色，有明显条棱。假掌状复叶有4小叶；托叶在长枝者硬化成针刺，直或弯，针刺长2~5 mm，在短枝者较短，脱落；小叶倒卵状披针形，长3~12 mm，宽1~4 mm，先端圆形或平截，有短刺尖，近无毛或稍被毛，绿色。花单生，花梗长7~25 mm，纤细，关节在顶部或中部以上；花萼管状钟形，长8~10 mm，宽约6 mm，无毛或疏被毛，基部具囊状凸起，萼齿三角形，边缘有短柔毛；花冠黄色，旗瓣宽倒卵形，长20~25 mm，有时略带红色，顶端微凹，基部渐狭成瓣柄，翼瓣长圆形，先端钝，耳长圆形，瓣柄稍短于瓣片，龙骨瓣的瓣柄稍短于瓣片，耳齿状；子房无毛或疏被柔毛。荚果圆筒形，长2.5~4 cm，宽4~5 mm，先端短渐尖，无毛。花期5~6月，果期6~7月。

【分布与习性】主要分布于西吉县将台堡镇、兴隆镇。生于山坡、沟谷、丘陵。耐寒，耐瘠薄。播种繁殖。

【用途】水土保持及防风固沙树种。

秦晋锦鸡儿 | *Caragana purdomii*

科属：豆科 Fabaceae　锦鸡儿属 *Caragana*　　**别名：**马柠条、普氏锦鸡儿

【形态特征】灌木，高可达3 m。老枝深灰绿色或褐色；幼枝疏被伏贴柔毛，后无毛。羽状复叶有5～8对小叶；托叶硬化成针刺，长0.5～1.2 cm，开展或反曲；叶轴长2～4 cm，脱落；小叶倒卵形、椭圆形或长圆形，长3～8 mm，先端圆、微凹或锐尖，具刺尖，基部楔形或稍圆，幼时两面疏被柔毛，后无毛。花单生或2～4朵簇生，花梗长1～2 cm，关节在上部；花萼管状钟形，长0.8～1 cm，宽5～6 mm，被短柔毛或几无毛，萼齿宽三角形，顶端尖；花冠黄色，长2.5～2.8 cm，旗瓣宽倒卵形，长约2.7 cm，具短瓣柄，翼瓣瓣柄长为瓣片的2/3，耳距状，长为瓣柄的1/3，龙骨瓣稍短于翼瓣；子房疏被毛或仅基部被毛，具柄。荚果直，长4～5 cm，宽6～7 mm，基部具柄，柄与宿存萼片近等长或稍长。花期5月，果期7～9月。

【分布与习性】主要分布于西吉县马建林场、偏城林场。生于黄土丘陵阳坡。喜光，耐旱，根系发达，耐瘠薄。播种繁殖。

【用途】水土保持树种。

荒漠锦鸡儿 | *Caragana roborovskyi*

科属：豆科 Fabaceae　锦鸡儿属 *Caragana*　**别名**：猫耳刺、洛氏锦鸡儿

【形态特征】灌木，高0.3~1m，直立或斜升，基部多分枝。老枝黄褐色，被深灰色剥裂皮；嫩枝密被白色柔毛。羽状复叶有3~6对小叶；托叶膜质，被柔毛，先端具刺尖；叶轴宿存，并全部硬化成针刺，长1~2.5cm，密被柔毛；小叶宽倒卵形或长圆形，长4~10mm，宽3~5mm，先端圆或锐尖，具刺尖，基部楔形，密被白色丝质柔毛。花单生，花梗长约4mm，关节在中部到基部，密被柔毛；花萼管状，长11~12mm，宽4~5mm，密被白色长柔毛，萼齿披针形，长约4mm；花冠黄色，旗瓣有时带紫色，倒卵圆形。花期5月，果期6~7月。

【分布与习性】分布于西吉县白崖乡、沙沟乡。生于山坡岩石缝中及沟谷。极耐旱，耐瘠薄。播种繁殖。

【用途】水土保持及防风固沙树种。

红花锦鸡儿 | *Caragana rosea*

科属： 豆科 Fabaceae　锦鸡儿属 *Caragana*　**别名：** 黄枝条、金雀儿

【形态特征】灌木，高0.4~1 m；树皮绿褐色或灰褐色。小枝细长，具条棱。托叶在长枝者硬化成细针刺，长3~4 mm，在短枝者脱落；叶柄长5~10 mm，脱落或宿存成针刺；叶假掌状；小叶4，楔状倒卵形，长1~2.5 cm，宽4~12 mm，先端圆钝或微凹，具刺尖，基部楔形，近革质，正面深绿色，背面淡绿色，无毛，有时小叶边缘、小叶柄、小叶下面沿脉疏被柔毛。花单生，花梗长8~18 mm，关节在中部以上，无毛；花萼管状，不扩大或仅下部稍扩大，长7~9 mm，宽约4 mm，常紫红色，萼齿三角形，渐尖，内侧密被短柔毛；花冠黄色，常紫红色或全部淡红色，凋时变为红色，长20~22 mm，旗瓣长圆状倒卵形，先端下凹，基部渐狭成宽瓣柄，翼瓣长圆状线形，瓣柄较瓣片稍短，耳短齿状，龙骨瓣的瓣柄与瓣片近等长，耳不明显；子房无毛。荚果圆筒形，长3~6 cm，具渐尖头。花期4~6月，果期6~7月。

【分布与习性】西吉县什字乡引进栽培。喜光，耐旱，耐瘠薄。播种繁殖。

【用途】园林观赏、水土保持及防风固沙树种。

多刺锦鸡儿 | *Caragana spinosa*

科属： 豆科 Fabaceae　锦鸡儿属 *Caragana*

【形态特征】矮灌木，高20~50 cm。枝条伸展，多刺；老枝黄褐色，有条棱；小枝红褐色，粗壮，幼时有毛。托叶三角状卵形，无针刺或极短，边缘有毛；叶轴在长枝者长1~5 cm，红褐色或黄褐色，粗壮，幼时有毛，硬化，宿存，短枝上的叶无柄；小叶在长枝者常3对，羽状，在短枝者2对，簇生或具长2~3 mm叶柄，狭倒披针形或线形，长1.5~2（3）cm，宽2~3（5）mm，被伏贴柔毛，灰绿色。花单生或2朵并生，长2~3 mm，关节在中下部；花萼管状，长7~10 mm，宽约4 mm，萼齿三角形，边缘有毛；花冠黄色，长20~22 mm，旗瓣倒卵形，先端圆钝，瓣柄长3~4 mm，翼瓣的瓣柄与瓣片近等长，瓣片长圆形，近无耳，龙骨瓣先端尖，瓣柄与瓣片近等长，无耳；子房近无毛。荚果长2~2.5 cm，宽3~4 mm。花期6~7月，果期9月。

【分布与习性】分布于西吉县偏城乡、马莲乡。生于山坡、滩地，适生于干旱山坡。喜光，耐旱，耐瘠薄。播种繁殖。

【用途】水土保持树种。

毛刺锦鸡儿 | *Caragana tibetica*

科属： 豆科 Fabaceae　锦鸡儿属 *Caragana*　**别名：** 藏锦鸡儿、康青锦鸡儿

【形态特征】矮灌木，高20～30 cm，常呈垫状。老枝皮灰黄色或灰褐色，多裂；小枝密集，淡灰褐色，密被长柔毛。羽状复叶有3～4对小叶；托叶卵形或近圆形；叶轴硬化成针刺，长2～3.5 cm，宿存，淡褐色，无毛，嫩枝叶轴长约2 cm，密被长柔毛，灰色；小叶线形，长8～12 mm，宽0.5～1.5 mm，先端尖，有刺尖，基部狭，近无柄，密被灰白色长柔毛。花单生，近无梗；花萼管状，长8～15 mm，宽约5 mm；花冠黄色，长22～25 mm，旗瓣倒卵形，先端稍凹，瓣柄长约为瓣片的1/2，翼瓣的瓣柄较瓣片稍长或等长，龙骨瓣的瓣柄较瓣片稍长，耳短小，齿状；子房密被柔毛。荚果椭圆形，长7～8 mm，外面密被柔毛，里面密被绒毛。花期5～7月，果期7～8月。

【分布与习性】分布于西吉县震湖乡。生于干旱山坡。耐旱，耐瘠薄。播种繁殖。

【用途】水土保持及防风固沙树种，亦可用作中等饲料。

红花山竹子 | *Corethrodendron multijugum*

科属：豆科 Fabaceae　羊柴属 *Corethrodendron*　别名：红花岩黄芪

【形态特征】亚灌木，高20～50 cm。茎直立，多分枝，具纵条棱，被平伏白色短毛。奇数羽状复叶，具小叶23～37，小叶矩圆形或卵状矩圆形，长7～15 mm，宽4～8 mm，先端圆，稀微凹，基部近圆形，正面无毛，背面被平伏短毛；托叶三角形，浅褐色，膜质，外面被毛。总状花序腋生，长10～30 cm，花序轴疏被短毛，具5～20朵花，疏散；花梗长1～2 mm，被短毛；花萼斜钟形，长6～8 mm，宽3～4 mm，外面被短毛，萼齿短，三角形；花冠紫红色，旗瓣倒卵圆形，长1.5～2 cm，宽1～1.5 cm，先端微凹，翼瓣长约1 cm，先端稍狭，耳向外弯，稍短于爪，龙骨瓣倒卵状三角形，与旗瓣等长，具短耳及爪；子房具长柄，疏被毛。荚果2～3节，具网纹，被毛和小刺。花期6～7月，果期7～8月。

【分布与习性】分布于西吉县将台堡镇、沙沟乡、白崖乡、偏城乡等地。生于干旱向阳山坡。喜光，耐寒，耐旱。播种繁殖。

【用途】水土保持树种。根及根状茎可药用。

山皂荚 | *Gleditsia japonica*

科属： 豆科 Fabaceae　皂荚属 *Gleditsia*　**别名：** 日本皂荚、皂荚树、山皂角

【形态特征】落叶乔木，高可达25m。刺略扁，常分枝，长2~15.5cm。一回或二回羽状复叶，羽片2~6对，长11~25cm；小叶3~10对，卵状长圆形、卵状披针形或长圆形，长2~7（9）cm，宽1~3（4）cm，先端圆钝，有时微凹，基部宽楔形或圆形，微偏斜，全缘或具波状疏圆齿，上面网脉不明显。花黄绿色，组成穗状花序，腋生或顶生，雄花序长8~20cm，雌花序长5~16cm；雄花直径5~6mm，花萼管外面密被褐色短柔毛，裂片3~4，两面均被柔毛，花瓣4，长约2mm，被柔毛，雄蕊6~8（9）；雌花直径5~6mm，萼片和花瓣4~5，长约3mm，两面密被柔毛，不育雄蕊4~8，子房无毛。荚果带形，扁平，长20~35cm，不规则扭曲或弯曲呈镰刀状，果颈长1.5~3.5（5）cm，果瓣革质，常具泡状隆起，有多数种子。花期4~6月，果期6~11月。

【分布与习性】引进栽培树种。主要分布在西吉县吉强镇、兴平乡。喜阳，耐瘠薄。播种繁殖。

【用途】木材坚硬，可作为车辆、家具用材；荚果煎汁可代肥皂用以洗涤丝毛织物。

河北木蓝 | *Indigofera bungeana*

科属：豆科 Fabaceae　木蓝属 *Indigofera*　别名：本氏木蓝

【形态特征】直立灌木，高0.4～1m。茎褐色，圆柱形；枝银灰色，被灰白色丁字毛。羽状复叶长2.5～5cm；叶柄长约1cm，与叶轴均被灰色平贴丁字毛；托叶三角形，早落；小叶2～4对，椭圆形或倒卵状长圆形，长0.5～1.5cm，宽0.3～1cm，先端钝圆，基部圆形，两面被丁字毛；小叶柄长0.5mm。总状花序长4～8cm，有花10～15朵，稍疏生；花梗长1mm；花萼长约2mm，外面被丁字毛，萼齿近相等，三角状披针形，与萼筒近等长；花冠紫色或紫红色，旗瓣宽倒卵形，长约5mm，外面被毛，翼瓣与龙骨瓣近等长，龙骨瓣有距；花药无毛；子房疏被毛。荚果圆柱形，长不及2.5cm，被白色丁字毛，种子间有横隔；种子椭圆形。花期5～6月，果期8～10月。

【分布与习性】分布于西吉县吉强林场、沙沟乡。生于山坡、草地或河滩。喜光，耐寒，稍耐旱。播种繁殖。

【用途】可驯化用于园林绿化。全草药用。

胡枝子 | *Lespedeza bicolor*

科属：豆科 Fabaceae　胡枝子属 *Lespedeza*　　别名：随军茶、荻

【形态特征】直立灌木，高1~3m。小枝疏被短毛。羽状复叶具3小叶；叶柄长2~7（9）cm；小叶草质，卵形、倒卵形或卵状长圆形，长1.5~6cm，先端圆钝或微凹，具短刺尖，基部近圆形或宽楔形，正面无毛，背面疏被柔毛。总状花序比叶长，常组成大型、较疏散的圆锥花序；花序梗长4~10cm；花梗长约2mm，密被毛；花萼长约5mm，5浅裂，裂片常短于萼筒；花冠红紫色，长约1cm，旗瓣倒卵形，翼瓣近长圆形，具耳和瓣柄，龙骨瓣与旗瓣近等长，基部具长瓣柄。荚果斜倒卵形，稍扁，长约1cm，宽约5mm，具网纹，密被短柔毛。花期7~9月，果期9~10月。

【分布与习性】分布于西吉县火石寨乡、白崖乡、沙沟乡等地。耐旱，耐瘠薄，耐酸性，耐盐碱，耐刈割，对土壤适应性强。播种繁殖。

【用途】良好的水土保持和园林观赏树种。种子油可供食用或作为机器润滑油，叶可代茶，枝可编筐。

多花胡枝子 | *Lespedeza floribunda*

科属：豆科 Fabaceae　胡枝子属 *Lespedeza*　别名：四川胡枝子

【形态特征】小灌木，高30~60（100）cm。根细长；茎常近基部分枝；小枝被灰白色绒毛。托叶线形，长4~5 mm，先端刺芒状；羽状复叶具3小叶；小叶具柄，倒卵形、宽倒卵形或长圆形，长1~1.5 cm，宽6~9 mm，先端微凹、钝圆或近截形，具小刺尖，基部楔形，正面疏被伏毛，背面密被白色伏柔毛；侧生小叶较小。总状花序腋生；总花梗细长，显著超出叶；花多数；小苞片卵形，长约1 mm，先端急尖；花萼长4~5 mm，被柔毛，5裂，上方2裂片下部合生、上部分离，裂片披针形或卵状披针形，长2~3 mm，先端渐尖；花冠紫色、紫红色或蓝紫色，旗瓣椭圆形，长8 mm，先端圆形，基部有柄，翼瓣稍短，龙骨瓣长于旗瓣，先端钝。荚果宽卵形，长约7 mm，超出宿存萼片，密被柔毛，有网脉。花期6~9月，果期9~10月。

【分布与习性】分布于西吉县火石寨乡。喜光，耐旱，耐瘠薄。播种繁殖。

【用途】园林观赏和水土保持树种。枝叶可用作家畜饲料、绿肥。全株入药。

尖叶铁扫帚 | *Lespedeza juncea*

科属：豆科 Fabaceae 胡枝子属 *Lespedeza*　别名：尖叶胡枝子

【形态特征】小灌木，高可达1m。全株被伏毛，分枝或上部分枝呈扫帚状。托叶线形，长约2mm；叶柄长0.5~1cm；羽状复叶具3小叶；小叶倒披针形、线状长圆形或狭长圆形，长1.5~3.5cm，宽3（2）~7mm，先端稍尖或钝圆，有小刺尖，基部渐狭，边缘稍反卷，正面近无毛，背面密被伏毛。总状花序腋生，稍超出叶，有3~7朵排列较密集的花，近似伞形花序；总花梗长；苞片及小苞片卵状披针形或狭披针形，长约1mm；花萼狭钟状，长3~4mm，5深裂，裂片披针形，先端锐尖，外面被白色伏毛，花开后具明显3脉；花冠白色或淡黄色，旗瓣基部带紫斑，花期不反卷或稀反卷，龙骨瓣先端带紫色，旗瓣、翼瓣与龙骨瓣近等长，有时旗瓣较短；闭锁花簇生于叶腋，近无梗。荚果宽卵形，两面被白色伏毛，稍超出宿存萼片。花期7~9月，果期9~10月。

【分布与习性】分布于西吉县白崖乡、沙沟乡。生于山坡灌丛中。喜光，耐旱，耐瘠薄。播种繁殖。

【用途】全枝入药。枝叶可用作绿肥和饲料。

毛洋槐 | *Robinia hispida*

科属：豆科 Fabaceae　　刺槐属 *Robinia*　　别名：毛刺槐

【形态特征】落叶灌木，或以刺槐为砧木嫁接成乔木状。幼枝绿色，密被紫红色硬腺毛及白色曲柔毛，二年生枝深灰褐色，密被褐色刚毛，毛长2~5 mm，羽状复叶长15~30 cm；叶轴被刚毛及白色短曲柔毛，小叶5~7（8）对；小叶柄被白色柔毛；小托叶芒状，宿存。总状花序腋生，除花冠外，均被紫红色腺毛及白色细柔毛，花3~8朵；总花梗长4~8.5 cm；花冠红色至玫瑰红色。花期5~6月，很少见到有果实。

【分布与习性】西吉县兴隆乡罗庄村有栽培。喜光，耐寒性较强，喜排水良好的沙质壤土。

【用途】园林绿化和观赏树种。

刺 槐 | *Robinia pseudoacacia*

科属：豆科 Fabaceae　刺槐属 *Robinia*　别名：洋槐

【形态特征】落叶乔木，高10~25 m；树皮浅裂至深纵裂，稀光滑。小枝初被毛，后无毛；具托叶刺。羽状复叶长10~25（40）cm；小叶2~12对，常对生，椭圆形、长椭圆形或卵形。总状花序腋生，长10~20 cm，下垂；花芳香；花序轴与花梗被平伏细柔毛；花萼斜钟形，萼齿5，三角形或卵状三角形，密被柔毛；花冠白色，花瓣均具瓣柄，旗瓣近圆形，反折，翼瓣斜倒卵形，与旗瓣近等长，长约1.6 cm，龙骨瓣镰状三角形；二体雄蕊；子房线形，无毛，花柱钻形，顶端具毛，柱头顶生。荚果线状长圆形，褐色或具红褐色斑纹，扁平，无毛，先端上弯，果颈短，沿腹缝线具窄翅；花萼宿存，具2~15粒种子；种子近肾形，种脐圆形，偏于一端。花期4~6月，果期8~9月。

【分布与习性】西吉县各乡镇均有栽培。喜光，耐旱，耐瘠薄，幼苗耐寒性较差。

【用途】农田防护林和速生薪炭林树种。木材质硬，抗腐耐磨，宜作为枕木、车辆、建筑、矿柱等用材。

附：西吉县还引进栽培有以下刺槐品种。

曲枝刺槐 *Robinia pseudoacacia* f. *tortuosa*：别名扭枝刺槐，系刺槐的变型，其枝条常呈S形或不规则扭曲。西吉县永清湖公园有栽培。

红花刺槐 *Robinia pseudoacacia* f. *decaisneana*：别名红花洋槐，为刺槐的变型，其总状花序下垂；花冠粉红色，芳香，常误作香花槐。西吉县永清湖公园有栽培。

刺槐

刺槐

红花刺槐

曲枝刺槐

槐 | *Styphnolobium japonicum*

科属： 豆科 Fabaceae　　槐属 *Styphnolobium*　　**别名：** 国槐

【形态特征】落叶乔木，高可达25 m；树皮灰褐色，纵裂。芽隐藏于叶柄基部。当年生枝绿色，生于叶痕中央。叶长15~25 cm；小叶4~7对，卵状长圆形或卵状披针形，长2.5~6 cm，先端渐尖，具小尖头，基部圆形或宽楔形，正面深绿色，背面苍白色，初疏被短伏毛，后无毛；叶柄基部膨大，托叶早落，小托叶宿存。圆锥花序顶生；花长1.2~1.5 cm，花梗长2~3 mm；花萼浅钟状，具5浅齿，疏被毛；花冠乳白色或黄白色，旗瓣近圆形，有紫色脉纹，具短爪，翼瓣较龙骨瓣稍长，有爪；子房近无毛，与雄蕊等长，雄蕊10，不等长。荚果串珠状，长2.5~5 cm或稍长，直径约1 cm，中果皮及内果皮肉质，不裂，具1~6粒种子，种子间缢缩不明显，排列较紧密；种子卵圆形，淡黄绿色，干后褐色。花期7~8月，果期8~10月。

【分布与习性】西吉县各乡镇均有栽培。喜光，稍耐阴，耐寒，适应性强，对二氧化硫和烟尘等污染的抗性很强。播种繁殖。

【用途】树冠优美，花芳香，是行道树和优良的蜜源植物。花和荚果入药，木材供建筑用。

附：西吉县还栽培有以下槐品种。

金枝国槐 *Styphnolobium japonicum* 'Golden Stem'：其一年生枝春季为淡绿色，秋季逐渐变成黄色、深黄色，二年生的树体金黄色，树皮光滑，叶淡绿色、黄色或深黄色。西吉县永清湖公园有栽培。

龙爪槐 *Styphnolobium japonicum* 'Pendula'：别名垂槐，其枝和小枝均下垂，并向不同方向弯曲盘旋，形似龙爪。多栽培于机关单位、街道、公路、庭院、公园及住宅小区，是优良的园林树种。

槐

金枝国槐　　　　　　　　　龙爪槐

红苦味果 | *Aronia arbutifolia*

科属：蔷薇科 Rosaceae　涩石楠属 *Aronia*　**别名**：红果腺肋花楸

【形态特征】灌木，高1m左右。小枝密被灰色柔毛。叶互生，单叶椭圆形，革质，叶脉羽状，叶缘锯齿形。复伞房花序，花序柄上有绒毛，花芽为混合芽，圆锥形，顶芽、侧芽均可结果，花瓣白色，雌蕊为合生心皮。浆果球形，果皮黑紫色，有光泽，果肉暗红色，酸甜，略有涩味；每个果实内含种子2~5粒，种子肾形，棕褐色。

【分布与习性】西吉县偏城乡有栽培。耐旱，耐寒，耐瘠薄。播种或扦插繁殖。

【用途】观赏树种。果实可食用、酿酒。

皱皮木瓜 | *Chaenomeles speciosa*

科属：蔷薇科 Rosaceae　木瓜海棠属 *Chaenomeles*　别名：贴梗木瓜

【形态特征】落叶灌木，高可达2m。枝条直立，开展，有刺；小枝无毛。冬芽三角状卵圆形。叶卵形或椭圆形，稀长椭圆形，长3～9cm，具尖锐锯齿，齿尖开展，两面无毛或幼时背面沿脉有柔毛；叶柄长约1cm；托叶草质，肾形或半圆形，稀卵形，长0.5～1cm，有尖锐重锯齿，无毛。花先叶开放，3～5朵簇生于二年生老枝；花梗粗，长约3mm或近无梗；花直径3～5cm；被丝托钟状，外面无毛，萼片直立，半圆形，稀卵形，全缘或有波状齿和黄褐色睫毛；花瓣猩红色，稀淡红色或白色，倒卵形或近圆形，基部下延成短爪；雄蕊45～50；花柱5，基部合生，无毛或稍有毛。果实球形或卵球形，直径4～6cm，黄色或带红色；萼片脱落。花期3～5月，果期9～10月。

【分布与习性】西吉县兴平乡聂家河有栽培。适应性强，喜光，耐半阴，耐寒，耐旱。播种繁殖。

【用途】优良的园林观赏树种。果实含苹果酸、酒石酸、枸橼酸及丙种维生素等，干制后入药。

灰栒子 | *Cotoneaster acutifolius*

科属：蔷薇科 Rosaceae　栒子属 *Cotoneaster*　别名：北京栒子、河北栒子

【形态特征】落叶灌木，高可达 4m。小枝圆，幼时被长柔毛。叶椭圆状卵形或长圆状卵形，长 2~4cm，先端急尖，稀渐尖，基部宽楔形，全缘，幼时两面均被长柔毛，背面较密，渐脱落，后近无毛；叶柄长 2~5mm，具长柔毛；托叶线状披针形，脱落。聚伞状伞房花序具花 2~5 朵，被长柔毛；苞片线状披针形，微具柔毛；花梗长 3~5mm；花直径 7~8mm；花萼疏生长柔毛，萼筒钟状或短筒状，萼片三角形；花瓣直立，宽倒卵形或长圆形，长 3~4.5mm，白色带红晕；雄蕊 10~15，比花瓣短；花柱通常 2，离生，短于雄蕊，子房顶端密被柔毛。果实椭圆形，稀倒卵圆形，直径 6~8mm，具长柔毛，成熟时黑色，小核 2~3。花期 5~6 月，果期 9~10 月。

【分布与习性】分布在西吉县土石山区。生于山坡、山麓、山沟及丛林中。耐寒，喜光，稍耐阴，对土壤要求不严。播种繁殖。

【用途】枝条婀娜，白花红果，是观花、观果的优良树种。

附：西吉县还栽培有密毛灰栒子 *Cotoneaster acutifolius* var. *villosulus*，其主要特征为叶片较大，背面密被长柔毛，花萼外面也密被长柔毛，果实疏被短柔毛。分布于西吉县扫竹岭林场、大寨山林场。生于山坡阴处、沟谷或灌丛中。

匍匐栒子 | *Cotoneaster adpressus*

科属：蔷薇科 Rosaceae　　栒子属 *Cotoneaster*　　别名：匍匐灰栒子

【形态特征】落叶匍匐灌木。茎不规则分枝，平铺于地上。小枝细瘦，圆柱形，幼时具糙伏毛，后逐渐脱落，红褐色至暗灰色。叶宽卵形或倒卵形，稀椭圆形，长5~15 mm，宽4~10 mm，先端圆钝或稍急尖，基部楔形，边缘全缘或波状，正面无毛，背面具稀疏短柔毛或无毛；叶柄长1~2 mm，无毛；托叶钻形，成长时脱落。花1~2朵，几无梗，直径7~8 mm；萼筒钟状，外面具稀疏短柔毛，内面无毛；萼片卵状三角形，先端急尖，外面疏被短柔毛，内面常无毛；花瓣直立，倒卵形，长约4.5 mm，宽几与长相等，先端微凹或圆钝，粉红色；雄蕊10~15，短于花瓣；花柱2，离生，比雄蕊短；子房顶部有短柔毛。果实近球形，直径6~7 mm，鲜红色，无毛，通常有2小核，稀3小核。花期5~6月，果期8~9月。

【分布与习性】主要分布在西吉县沙沟乡。生于山坡杂木林边及岩石山坡。喜光，稍耐阴，耐寒，耐旱，耐瘠薄，不耐水湿。播种繁殖。

【用途】观赏树种。

川康栒子 | *Cotoneaster ambiguus*

科属：蔷薇科 Rosaceae　栒子属 *Cotoneaster*　**别名**：四川栒子

【形态特征】落叶灌木，高可达2m。枝条弯曲，小枝细瘦，灰褐色，幼时被糙伏毛，不久即脱落至无毛或近无毛。叶椭圆状卵形至菱状卵形，长2.5～6cm，宽1.5～3cm，先端渐尖或急尖，基部宽楔形，全缘，幼时正面疏生柔毛，不久即脱落，背面具柔毛，老时具稀疏柔毛；叶柄长2～5mm，微有柔毛；托叶线状披针形，多数脱落，有稀疏柔毛。聚伞花序有花5～10朵，总花梗和花梗疏生柔毛，花梗长4～5mm；苞片披针形，稍具柔毛，早落；萼筒钟状，外面无毛或稍有柔毛，内面无毛；萼片三角形，先端急尖，外面无毛或仅沿边缘微具柔毛，内面常无毛；花瓣直立，宽卵形或近圆形，长与宽均3～4mm，先端圆钝，基部具短爪，白色带粉红色；雄蕊20，稍短于花瓣；花柱2～5，离生，较雄蕊稍短；子房先端密生柔毛。果实卵形或近球形，长8～10mm，直径6～7mm，黑色，先端微具柔毛，常具2～3（4～5）小核。花期5～6月，果期9～10月。

【分布与习性】分布于西吉县扫竹岭林场。生于山地、半阳坡及疏林中。播种繁殖。

【用途】水土保持和观赏树种。

麻核栒子 | *Cotoneaster foveolatus*

科属：蔷薇科 Rosaceae　栒子属 *Cotoneaster*　别名：网脉灰栒子

【形态特征】落叶灌木，高可达3m。枝条开张，小枝圆柱形，暗红褐色，幼时密被黄色毛，后脱落无毛。叶椭圆形、椭圆状卵形或椭圆状倒卵形，长3.5~8（10）cm，宽1.5~3（4.5）cm，先端渐尖或急尖，基部宽楔形或近圆形，全缘，正面疏被短柔毛，老时脱落，叶脉微下陷，背面被短柔毛，在叶脉上毛较多，生长时逐渐脱落，老时近无毛，叶脉显著凸起；叶柄长2~4mm，常具短柔毛；托叶线形，具柔毛，部分宿存。聚伞花序有花3~7朵，总花梗和花梗被柔毛；花梗长3~4mm；苞片线形，有柔毛；花直径约7mm；萼筒钟状，外面密被柔毛，内面无毛；萼片三角形，先端急尖，外面疏生柔毛，内面仅沿边缘具柔毛；花瓣直立，倒卵形或近圆形，长约4mm，宽3mm，先端圆钝，粉红色；雄蕊15~17，短于花瓣；花柱通常3（2~5），甚短，离生，子房顶部密生柔毛。果实近球形，直径8~9mm，黑色；小核3~4，背部有槽和浅凹点。花期6月，果期9~10月。

【分布与习性】集中分布于西吉县扫竹岭林场。生于灌丛中。耐旱，耐寒。播种繁殖。

【用途】水土保持和观赏树种。

细弱栒子 | *Cotoneaster gracilis*

科属：蔷薇科 Rosaceae　栒子属 *Cotoneaster*　**别名：**细弱灰栒子

【形态特征】落叶灌木，高1~3m。小枝纤细，圆柱形，棕红色至灰褐色，幼时密被平铺柔毛，后逐渐脱落，一年生枝无毛。叶卵形至长卵形，长2~3.5 cm，宽1~2 cm，先端圆钝或急尖，稀微缺，基部圆形，全缘，正面无毛或微具柔毛，叶脉下陷，背面密被白色绒毛，侧脉3~4对显著凸起；叶柄长2~3 mm，被白色绒毛；托叶细小，钻状，早落，有毛。聚伞花序具花3~7朵，总花梗和花梗稍具柔毛；花梗长3~6 mm；苞片线形，细小，有柔毛；花直径6~7 mm；萼筒钟状，内外两面均无毛，红色；萼片三角状卵形，先端圆钝或微尖，外面无毛，内面仅先端沿边缘有白色细柔毛；花瓣直立，近圆形，直径约3 mm，粉红色；雄蕊20，稍短于花瓣；花柱通常2，离生，短于雄蕊；子房先端具柔毛。果实倒卵形，直径约5 mm，红色，外面微具柔毛，常具2小核。花期5~6月，果期8~9月。

【分布与习性】主要分布在西吉县土石山区。生于山坡或河滩灌丛中。耐阴，喜温暖、湿润气候。播种繁殖。

【用途】可驯化栽培，用于公园、河岸绿化。

平枝栒子 | *Cotoneaster horizontalis*

科属： 蔷薇科 Rosaceae　栒子属 *Cotoneaster*　**别名：** 矮栒子、平枝灰栒子

【形态特征】落叶或半常绿匍匐灌木，高不及50 cm。枝水平开张呈整齐二列状，幼时被糙伏毛，老时脱落。叶近圆形或宽椭圆形，稀倒卵形，长0.5~1.4 cm，先端急尖，基部楔形，全缘，正面无毛，背面疏被平贴柔毛；叶柄长1~3 mm，被柔毛；托叶钻形，早落。花1~2朵，近无梗，直径5~7 mm；花萼具疏柔毛，萼筒钟状，萼片三角形；花瓣直立，倒卵形，长约4 mm，粉红色；雄蕊约12，短于花瓣；花柱3（2），离生，短于雄蕊；子房顶端有柔毛。果实近球形，直径5~7 mm，成熟时鲜红色，小核3（2）。花期5~6月，果期9~10月。

【分布与习性】零星分布于西吉县兴隆镇。喜温暖、湿润的半阴环境，耐干燥，耐瘠薄，不耐湿热，有一定的耐寒性，怕积水。播种、扦插繁殖。

【用途】宜用作园林地被及制作盆景等。

水栒子 | *Cotoneaster multiflorus*

科属：蔷薇科 Rosaceae　栒子属 *Cotoneaster*　**别名**：多花灰栒子、多花栒子

【形态特征】落叶灌木，高可达4m。枝条细瘦，常呈弓形弯曲，小枝圆柱形，红褐色或棕褐色，无毛，幼时带紫色，具短柔毛，不久即脱落。叶卵形或宽卵形，长2~4cm，宽1.5~3cm，先端急尖或圆钝，基部宽楔形或圆形，正面无毛，背面幼时稍有绒毛，后渐脱落；叶柄长3~8mm，幼时有柔毛，后脱落；托叶线形，疏生柔毛，后脱落。花多数，5~21朵，组成疏松的聚伞花序，总花梗和花梗无毛，稀微具柔毛；花梗长4~6mm；苞片线形，无毛或微具柔毛；花直径1~1.2cm；萼筒钟状，内外两面均无毛；萼片三角形，先端急尖，通常除先端边缘外，内外两面均无毛；花瓣平展，近圆形，白色，直径4~5mm，先端圆钝或微缺，基部有短爪，内面基部有白色细柔毛；雄蕊约20，稍短于花瓣；花柱通常2，离生，比雄蕊短；子房先端有柔毛。果实近球形或倒卵形，直径8mm，红色，具由2心皮合生而成的1小核。花期5~6月，果期8~9月。

【分布与习性】主要分布在西吉县土石山区。生于沟谷、山坡杂木林中。耐寒，对土壤要求不严，耐修剪。播种、扦插繁殖。

【用途】观花、观果的优良树种。

华中栒子 | *Cotoneaster silvestrii*

科属：蔷薇科 Rosaceae　栒子属 *Cotoneaster*　别名：鄂栒子、湖北栒子

【形态特征】落叶灌木，高1~2m。枝条开张，小枝细瘦，呈拱形弯曲，棕红色，幼时具短柔毛，不久即脱落。叶椭圆形至卵形，长1.5~3.5cm，宽1~1.8cm，先端急尖或圆钝，稀微凹，基部圆形或宽楔形，正面无毛或幼时微具平铺柔毛，背面被灰色绒毛；侧脉4~5对，上面微陷，下面凸起；叶柄细，长3~5mm，具绒毛；托叶线形，微具细柔毛，早落。聚伞花序有花3~9朵，总花梗和花梗被细柔毛；总花梗长1~2cm，花梗长1~3mm；花直径9~10mm；萼筒钟状，外被细长柔毛，内面无毛；萼片三角形，先端急尖，外面有细柔毛，内面近无毛；花瓣平展，近圆形，白色，直径4~5mm，先端微凹，基部有短爪，内面近基部有白色细柔毛；雄蕊20，稍短于花瓣，花药黄色；花柱2，离生，比雄蕊短；子房先端有白色柔毛。果实近球形，直径8mm，红色，通常2小核连合为1个。花期6月，果期9月。

【分布与习性】分布于西吉县火石寨乡。生于杂木林内。耐寒，耐瘠薄。播种或扦插繁殖。

【用途】水土保持和观赏树种。

准噶尔栒子 | *Cotoneaster soongoricus*

科属：蔷薇科 Rosaceae　栒子属 *Cotoneaster*　**别名**：准噶尔总花栒子、西藏栒子

【形态特征】落叶灌木，高1～2.5m。枝条开张，稀直升，小枝细瘦，圆柱形，灰褐色，幼时密被灰色绒毛，后逐渐脱落无毛。叶宽椭圆形、近圆形或卵形，长1.5～5cm，宽1～2cm，正面无毛或具稀疏柔毛，叶脉常下陷，背面被白色绒毛，叶脉稍凸起。花3～12朵组成聚伞花序，总花梗和花梗被白色绒毛；花梗长2～3mm；花直径8～9mm；花瓣平展，卵形至近圆形，白色，先端圆钝，稀微凹，基部有短爪，内面近基部微具带白色细柔毛；雄蕊18～20，稍短于花瓣，花药黄色；花柱2，离生，稍短于雄蕊；子房顶部密生白色柔毛。果实卵形至椭圆形，长7～10mm，红色，具1～2小核。花期5～6月，果期9～10月。

【分布与习性】主要分布在西吉县土石山区。生于干燥山坡、林缘或沟谷边。耐阴，喜温暖、湿润气候。播种繁殖。

【用途】可用于园林绿化。

毛叶水栒子 | *Cotoneaster submultiflorus*

科属：蔷薇科 Rosaceae　栒子属 *Cotoneaster*

【形态特征】落叶直立灌木，高可达4m。小枝细，圆柱形，幼时密被柔毛，后无毛。叶卵形、菱状卵形或椭圆形，长2~4cm，先端急尖或钝圆，基部宽楔形，全缘，正面无毛或幼时微具柔毛，背面具短柔毛，无白霜；叶柄长4~7mm，微具柔毛；托叶披针形，有柔毛。聚伞状伞房花序具多花，具长柔毛；花梗长4~6mm，疏被柔毛；苞片线形，有柔毛；花直径0.8~1cm；花萼疏被柔毛，萼筒钟状，萼片三角形；花瓣平展，卵形或近圆形，长3~5mm，先端钝圆或稀微缺，白色；雄蕊15~20，短于花瓣；花柱2，离生，稍短于雄蕊；子房顶端有短柔毛。果实近球形，直径6~7mm，成熟时亮红色，具由2心皮合生而成的1小核。花期5~6月，果期9月。

【分布与习性】分布在西吉县土石山区。生于岩石缝间或灌丛中。耐寒，喜光，稍耐阴，对土壤要求不严。播种繁殖。

【用途】观花、观果的优良树种。

细枝枸子 | *Cotoneaster tenuipes*

科属：蔷薇科 Rosaceae　　枸子属 *Cotoneaster*　　**别名：**细梗枸子

【形态特征】落叶灌木，高1~2m。小枝细瘦，圆柱形，暗褐色，幼时具灰黄色平贴柔毛，不久即脱落，一年生枝无毛。叶卵形、椭圆状卵形至狭椭圆状卵形，长1.5~2.5（3.5）cm，宽1.2~2cm，先端急尖或稍钝，基部宽楔形，全缘，正面幼时具稀疏柔毛，老时近无毛，叶脉微下陷，背面被灰白色平贴绒毛，叶脉稍凸起；叶柄长3~5mm，具柔毛；托叶披针形，微具柔毛，脱落或部分宿存。花2~4朵组成聚伞花序，总花梗和花梗密生平贴柔毛；苞片线状披针形，微具柔毛；花梗细弱，长1~3mm；花直径约7mm；萼筒钟状，外面密被平贴柔毛，内面无毛；萼片卵状三角形，先端急尖，外面密生柔毛，内面除边缘外均无毛；花瓣直立，卵形或近圆形，长3~4mm，宽约与长相等，先端圆钝，基部有爪，白色带红晕；雄蕊约15，比花瓣短；花柱2，离生，短于雄蕊；子房先端微具柔毛。果实卵形，直径5~6mm，长8~9mm，紫黑色，有1~2小核。花期5月，果期9~10月。

【分布与习性】分布于西吉县扫竹岭林场。生于灌丛中或山坡。播种繁殖。

【用途】水土保持和观赏树种。

西北栒子 | *Cotoneaster zabelii*

科属：蔷薇科 Rosaceae 　栒子属 *Cotoncaster* 　**别名**：杂氏灰栒子、札氏栒子

【形态特征】落叶灌木，高可达2m。小枝圆，幼时密被带黄色柔毛，老时无毛。叶椭圆形或卵形，长1.5~3cm，先端钝圆，稀微缺，基部圆形或宽楔形，全缘，正面疏具柔毛，背面密被带黄色或带灰色绒毛；叶柄长2~4mm，被绒毛；托叶披针形，有毛，果期多脱落。花3~10朵组成下垂聚伞状伞房花序，被柔毛；花梗长2~4mm；花萼具柔毛，萼筒钟状，萼片三角形；花瓣直立，倒卵形或近圆形，直径2~3mm，浅红色；雄蕊18~20，较花瓣短；花柱2，离生，短于雄蕊，子房顶端具柔毛。果实倒卵圆形或近球形，直径7~8mm，成熟时鲜红色，小核2。花期5~6月，果期8~9月。

【分布与习性】主要分布在西吉县土石山区。生于山坡阴处、沟谷边、灌丛中。耐寒，喜湿润。播种繁殖。

【用途】可驯化栽培，用于公园、河岸绿化。

甘肃山楂 | *Crataegus kansuensis*

科属：蔷薇科 Rosaceae　山楂属 *Crataegus*　　**别名**：面旦子　面梨子

【形态特征】灌木或小乔木，高可达8 m。枝刺多，刺长0.7~1.5 cm；小枝细，幼时疏被柔毛和白粉。冬芽近圆形，无毛。叶宽卵形，长4~6 cm，先端尖，基部平截或宽楔形，边缘具尖锐重锯齿和5~7对不规则羽状浅裂，裂片三角状卵形，正面疏被柔毛，背面沿中脉及脉腋有髯毛，老时近无毛；叶柄细，长1.8~2.5 cm，无毛；托叶膜质，镰状，早落。伞房花序具花8~18朵，直径3~4 cm，花序梗和花梗均无毛；苞片和小苞片膜质，披针形；花白色；雄蕊15~20；花柱2~3。果实近球形，直径0.8~1 cm，红色或橘黄色，萼片宿存；小核2~3，内外两面有凹痕；果柄长1.5~2 cm。花期5月，果期7~9月。

【分布与习性】西吉县火石寨乡等土石山区有分布。生于杂木林中、山坡阴处及山沟旁。喜沙壤土，耐瘠薄，喜光，耐旱性和耐寒性较强。播种繁殖。

【用途】园林观赏树种。果实可鲜食，木材坚硬，可制作家具、工艺品等。

毛山楂 | *Crataegus maximowiczii*

科属：蔷薇科 Rosaceae　　山楂属 *Crataegus*　　别名：野山楂

【形态特征】灌木或小乔木，高可达7m；无刺或有刺。小枝幼时密被灰白色柔毛，后脱落无毛，疏生长圆形皮孔。冬芽卵圆形，无毛。叶宽卵形或菱状卵形，长4～6cm，先端急尖，基部楔形，有3～5对浅裂和疏生重锯齿，正面疏被短柔毛，背面密被灰白色长柔毛，沿脉较密；叶柄长1～2.5cm，疏被柔毛；托叶膜质，半圆形或卵状披针形，有深锯齿，早落。复伞房花序，多花，直径4～5cm；花梗长3～8mm，和花序梗均被灰白色柔毛；苞片线状披针形；花直径约1.2cm；萼片三角状卵形或三角状披针形，外面被灰白色柔毛；花瓣白色，近圆形；雄蕊20；花柱3（2）～5，基部被柔毛。果实球形，直径约8mm，红色，幼时被柔毛，后脱落无毛；宿存萼片反折；小核3～5，两侧有凹痕。花期5～6月，果期8～9月。

【分布与习性】主要分布在西吉县扫竹岭林场。生于杂木林中或林边、河岸及路边。适应性强，喜凉爽、湿润气候。播种繁殖。

【用途】园林观赏树种。木材可制作家具、文具等，果实可食。

山 楂 | *Crataegus pinnatifida*

科属：蔷薇科 Rosaceae　山楂属 *Crataegus*　　**别名：**山里红、红果、棠棣、酸楂

【形态特征】落叶乔木，高可达6 m；刺长1~2 cm，有时无刺。叶宽卵形或三角状卵形，稀菱状卵形，长5~10 cm，先端短渐尖，基部截形至宽楔形，有3~5对羽状深裂，裂片卵状披针形或带形，先端短渐尖，疏生不规则重锯齿，背面沿叶脉疏生短柔毛或脉腋有髯毛，侧脉6~10对，有的直达裂片先端，有的达到裂片分裂处；叶柄长2~6 cm；托叶草质，镰形，边缘有锯齿。伞形花序具多花，直径4~6 cm；花梗和花序梗均被柔毛，花后脱落，花梗长4~7 mm；苞片线状披针形；花直径约1.5 cm；萼片三角状卵形或披针形，被毛；花瓣白色，倒卵形或近圆形；雄蕊20；花柱3~5，基部被柔毛。果实近球形或梨形，深红色，小核3~5。花期5~6月，果期9~10月。

【分布与习性】西吉县部分乡镇有栽培。适应性强，既耐寒，又耐高温，对土壤要求不严。播种、扦插、嫁接繁殖。

【用途】经济林树种，亦可观赏。果实可生吃或做果酱、果糕，干制后入药。

附：西吉县还栽培有山里红 *Crataegus pinnatifida* var. *major*，本变种果形较大，直径可达2.5 cm，深亮红色；叶片大，分裂较浅；植株生长茂盛。

北美海棠 | *Malus* 'American'

科属： 蔷薇科 Rosaceae　苹果属 *Malus*

【形态特征】落叶小乔木，高一般5~7m，圆丘状，或者整株直立呈垂枝状。新干棕红色或黄绿色，老干灰棕色，有光泽。分枝多变，互生、直立、悬垂，无弯曲枝。花量大，花色多，有白色、粉色、红色，多有香气。果实扁球形，花萼脱落或不脱落，红色、黄色或橙色。

【分布与习性】分布于西吉县平峰镇。适应性很强，对环境要求不严。播种或扦插繁殖。

【用途】北美海棠既是营养价值高的果树，又是观赏价值极高的观赏树种，同时是苹果的砧木，也是饮料、果脯、果干和中药等的原料，用途非常广泛。

附：西吉县常见的栽培品种有绚丽海棠 *Malus* 'Radiant' 和红宝石海棠 *Malus* × *micromalus* 'Ruby'。

红宝石海棠

绚丽海棠

山荆子 | *Malus baccata*

科属：蔷薇科 Rosaceae 苹果属 *Malus*　　**别名**：山定子、林荆子、山丁子

【形态特征】乔木，高可达14 m。幼枝细，无毛。叶椭圆形或卵形，长3~8 cm，先端渐尖，稀尾状渐尖，基部楔形或圆形，边缘有细锐锯齿，幼时微被柔毛或无毛；叶柄长2~5 cm，幼时有短柔毛及少数腺体，不久即脱落；托叶膜质，披针形，早落。花4~6朵组成伞形花序，无花序梗，集生于枝顶，直径5~7 cm；花梗长1.5~4 cm，无毛；苞片膜质，线状披针形，无毛，早落；花直径3~3.5 cm；萼片披针形，先端渐尖，长5~7 mm，比被丝托短；花瓣白色，倒卵形，基部有短爪；雄蕊15~20；花柱5或4，基部有长柔毛。果实近球形，直径0.8~1 cm，红色或黄色，柄洼及萼洼稍微下陷；萼片脱落；果柄长3~4 cm。花期4~6月，果期9~10月。

【分布与习性】主要分布在西吉县扫竹岭林场、白崖乡。生于山坡杂木林及山谷阴处灌丛中。喜光，耐寒性极强，耐瘠薄，不耐盐碱，深根性，寿命长。播种繁殖。

【用途】庭园观赏树种。幼苗可做苹果、花红和楸子的嫁接砧木。

陇东海棠 | *Malus kansuensis*

科属：蔷薇科 Rosaceae　　苹果属 *Malus*　　**别名**：甘肃海棠

【形态特征】灌木或小乔木，高3~5 m。小枝粗壮，圆柱形，幼时有短柔毛，不久即脱落；老时紫褐色或暗褐色。冬芽卵形，先端钝，鳞片边缘具绒毛，暗紫色。叶卵形或宽卵形，长5~8 cm，宽4~6 cm，先端急尖或渐尖，基部圆形或截形，边缘有细锐重锯齿，通常3浅裂，伞形总状花序具花4~10朵，花梗长2.5~3.5 cm；苞片膜质，线状披针形，早落；花直径1.5~2 cm；萼筒外面有长柔毛；花瓣白色；雄蕊20，花丝长短不一，约等于花瓣之半；花柱3，稀4或2，基部无毛，比雄蕊稍长。果实椭圆形或倒卵形，黄红色，有少数石细胞。花期5~6月，果期7~8月。

【分布与习性】分布于西吉县火石寨乡。生于杂木林或灌丛中。喜光，稍耐阴，耐寒性强，适应性强，根系发达，适生于湿润、肥沃的壤土。采用扦插、压条、嫁接等方法繁殖。

【用途】水土保持和观赏树种。

苹 果 | *Malus pumila*

科属：蔷薇科 Rosaceae　苹果属 *Malus*　**别名：**西洋苹果、嘎啦、黄元帅

【形态特征】乔木，高可达15 m。幼枝密被绒毛。冬芽卵圆形。叶椭圆形、卵形或宽椭圆形，长4.5~10 cm，基部宽楔形或近圆形，具圆钝锯齿，幼时两面具短柔毛，老时正面无毛；叶柄粗，长1.5~3 cm，被短柔毛；托叶披针形，密被短柔毛，早落。伞形花序具花3~7朵，集生于枝顶；花梗长1~2.5 cm，密被绒毛；苞片线状披针形，被绒毛；花直径3~4 cm；被丝托外面密被绒毛，萼片三角状披针形或三角状卵形，长6~8 mm，全缘，两面均密被绒毛；萼片比被丝托长；花瓣倒卵形，长1.5~1.8 cm，白色，含苞时带粉红色；雄蕊20，约等于花瓣之半；花柱5，下半部密被灰白色绒毛。果实扁球形，直径7 cm以上，顶端常隆起，萼洼下陷，萼片宿存，果柄粗短。花期5月，果期7~10月。

【分布与习性】西吉县各乡镇均有栽培，主要分布在兴隆镇、将台堡镇。喜光，喜微酸性到中性土壤，适生于土层深厚、富含有机质且通气及排水良好的沙质土壤。嫁接繁殖。

【用途】著名落叶果树，经济价值很高，被称为温带水果之王。

八棱海棠 | *Malus × robusta*

科属: 蔷薇科 Rosaceae　苹果属 *Malus*

【形态特征】落叶小乔木,高可达7 m,树冠开张,树干暗褐色。嫩枝褐色或红褐色。叶卵圆形或椭圆形,长5~10 cm,宽3~6 cm。花3~6朵组成伞形花序,以5朵居多,花于叶后开放,淡粉红色或白色,直径约5 cm。果实扁圆形或少数近圆形乃至卵圆形,直径2~2.5 cm。花期4~5月,果期8~10月。

【分布与习性】西吉县硝河乡、将台堡镇、兴隆镇有栽培。适应性和抗逆性均较强,对干旱和水涝的耐力中等。

【用途】园林观赏树种。果实酸甜可口,可食。

花叶海棠 | *Malus transitoria*

科属：蔷薇科 Rosaceae　苹果属 *Malus*　**别名：**细弱海棠、马杜梨、花叶杜梨

【形态特征】灌木或小乔木，高可达8m。幼枝密被柔毛。冬芽卵圆形，近无毛。叶卵形至宽卵形，长2.5～5cm，先端急尖，基部圆形至宽楔形，边缘有不整齐锯齿，常3～5不规则深裂，稀不裂，裂片长卵形至长椭圆形，先端急尖，正面被柔毛或近无毛，背面密被绒毛；叶柄长1.5～3.5cm，有翼，密被绒毛；托叶叶质，卵状披针形，被绒毛。苞片膜质，线状披针形，被毛，早落；花直径1～2cm；被丝托钟状，密被绒毛；萼片三角状卵形，先端圆钝或微尖，密被绒毛，比被丝托稍短；花瓣白色，卵形，基部有短爪；雄蕊20～25；花柱3～5，基部无毛，比雄蕊稍长或近等长。果实近球形，直径6～8mm，萼洼下陷，萼片脱落；果柄长1.5～2cm，被柔毛。花期5月，果期9月。

【分布与习性】西吉县土石山区均有分布。生于山坡丛林中或黄土丘陵上。

【用途】花叶海棠富含多种维生素，常用来制成茶叶，也是很好的观赏树木。

花 红 | *Malus asiatica*

科属：蔷薇科 Rosaceae　苹果属 *Malus*　**别名**：沙果、奈子

【形态特征】小乔木。嫩枝密被柔毛，老枝无毛。冬芽初密被柔毛，渐脱落。叶卵形或椭圆形，长5~11 cm，有细锐锯齿，正面有短柔毛，渐脱落，背面密被短柔毛；叶柄长1.5~5 cm，具短柔毛；托叶披针形，早落。伞形花序具花4~7朵，集生于枝顶；花梗长1.5~2 cm，密被柔毛；花直径3~4 cm；被丝托钟状，外面密被柔毛，萼片三角状披针形，长4~5 mm，内外两面密被柔毛，萼片比被丝托稍长；花瓣倒卵形或长圆状倒卵形，长0.8~1.3 cm，基部有短爪，淡粉色；雄蕊17~20，花丝长短不等，比花瓣短；花柱4（5），基部具长绒毛，比雄蕊稍长。果实卵状扁球形或近球形，直径4~5 cm，黄色或红色，先端渐窄，不隆起，基部下陷，宿存萼片肥厚，隆起。花期4~5月，果期8~9月。

【分布与习性】西吉县各乡镇均有分布。宜生长在山坡阳处、平原沙地。根系发达，萌蘖力强，生长旺盛，抗逆性强。播种或嫁接繁殖。

【用途】果实可鲜食，并可加工制果干、果丹皮及酿果酒。

毛山荆子 | *Malus mandshurica*

科属： 蔷薇科 Rosaceae　苹果属 *Malus*　　**别名：** 棠梨木、辽山荆子

【形态特征】乔木，高可达15 m。小枝细弱，圆柱形；幼时密被短柔毛，老时逐渐脱落，紫褐色或暗褐色。冬芽卵形，先端渐尖，无毛或仅在鳞片边缘微有短柔毛，红褐色。叶卵形、椭圆形至倒卵形，先端急尖或渐尖，基部楔形或近圆形，边缘有细锯齿，基部锯齿浅钝，近全缘。伞形花序具花3~6朵，无总花梗，集生在小枝顶端，花直径3~3.5 cm；花瓣长倒卵形，长1.5~2 cm，基部有短爪，白色；雄蕊30，花丝长短不齐，约等于花瓣之半或稍长；花柱4，稀5，基部具绒毛，较雄蕊稍长。果实椭圆形或倒卵形，直径8~12 mm，红色，萼片脱落；果梗长3~5 cm。花期5~6月，果期8~9月。

【分布与习性】分布于西吉县火石寨乡。生于山坡杂木林中或山顶及山沟。喜光，稍耐阴，耐寒性强，根系发达。播种繁殖。

【用途】可做苹果或花红等果树的砧木，也可供观赏。

西府海棠 | *Malus × micromalus*

科属：蔷薇科 Rosaceae　苹果属 *Malus*　别名：小果海棠、海红

【形态特征】小乔木，高可达5 m。小枝幼时被短柔毛，老时脱落。冬芽卵圆形，无毛或仅鳞片边缘有绒毛。叶长椭圆形或椭圆形，长5~10 cm，先端急尖或渐尖，基部楔形，稀近圆形，边缘有尖锐锯齿，幼时被短柔毛，背面较密，老时脱落；叶柄长2~3.5 cm；托叶膜质，线状披针形，边缘疏生腺齿，早落。花4~7朵组成伞形总状花序或集生于枝顶；花梗长2~3 cm，幼时被长柔毛；苞片膜质，线状披针形，早落；花直径约4 cm；萼筒外面密被白色长绒毛，萼片三角状卵形、三角状披针形至长卵形，内面被白色绒毛，外面毛较稀疏，多数脱落，少数宿存；花瓣粉红色，近圆形或长椭圆形，长约1.5 cm；雄蕊20，稍短于花瓣；花柱5，基部有绒毛。果实近球形，直径1~1.5 cm，红色，萼洼、柄洼均下陷，有少数宿存萼片。花期4~5月，果期8~9月。

【分布与习性】西吉县吉强镇、将台堡镇、兴隆镇等地引进栽培。喜光，耐寒，忌涝，忌空气过湿，较耐旱。播种或嫁接繁殖。

【用途】常见的果树及观赏树。果实酸甜，可供鲜食及加工用。

变叶海棠 | *Malus toringoides*

科属：蔷薇科 Rosaceae　苹果属 *Malus*　别名：大白石枣

【形态特征】灌木或小乔木，高3～6m。小枝圆柱形，幼时具长柔毛，后脱落，老时紫褐色或暗褐色，有稀疏褐色皮孔。叶片形状变异很大，通常卵形至长椭圆形，长3～8cm，宽1～5cm，先端急尖，基部宽楔形或近心形，边缘有圆钝锯齿或紧贴锯齿，常具不规则3～5深裂，亦有不裂，正面疏生柔毛，背面沿中脉及侧脉较密；叶柄长1～3cm，具短柔毛；托叶披针形，先端渐尖，全缘，疏生柔毛。花3～6朵，近似伞形排列，花梗长1.8～2.5cm，稍具长柔毛；苞片膜质，线形，内面具柔毛，早落；花直径2～2.5cm；萼筒钟状，外面有绒毛；萼片三角状披针形或狭三角形，先端渐尖，全缘，长3～4mm，外面有白色绒毛，内面较密；花瓣卵形或长倒卵形，长8～11mm，宽6～7mm，基部有短爪，表面疏生柔毛或无毛，白色。果实倒卵形或长椭圆形，无毛。花期4～5月，果期9月。

【分布与习性】分布于西吉县火石寨乡。生于山坡丛林中。根系发达，抗逆性强。播种繁殖。

【用途】水土保持和观赏树种。

中华绣线梅 | *Neillia sinensis*

科属：蔷薇科 Rosaceae　　绣线梅属 *Neillia*　　别名：华南梨

【形态特征】灌木，高可达2m。小枝圆柱形，无毛，幼时紫褐色，老时暗灰褐色。冬芽卵形，先端钝，微被短柔毛或近无毛，红褐色。叶卵形至卵状长椭圆形，长5~11cm，宽3~6cm，先端长渐尖，基部圆形或近心形，稀宽楔形，边缘有重锯齿，常不规则分裂，稀不裂，两面无毛或背面脉腋有柔毛。顶生总状花序长4~9cm，花梗长3~10mm，无毛；花直径6~8mm；萼筒筒状，长1~1.2cm，外面无毛，内面被短柔毛；萼片三角形，先端尾尖，全缘；花瓣倒卵形，淡粉色；雄蕊10~15，花丝不等长，着生于萼筒边缘，排成不规则的2轮；心皮1~2，子房顶端有毛，花柱直立，内含4~5胚珠。蓇葖果长椭圆形，萼筒宿存，外疏被长腺毛。花期5~6月，果期8~9月。

【分布与习性】分布于西吉县火石寨乡。生于山坡、山谷或沟边杂木林中。喜阳，耐旱，耐寒，耐瘠薄。扦插繁殖。

【用途】园林绿化、美化树种。

稠 李 | *Padus avium*

科属：蔷薇科 Rosaceae　稠李属 *Padus*　**别名**：臭李子、臭耳子

【形态特征】乔木，高可达15 m。幼枝被绒毛，后脱落无毛。冬芽无毛或鳞片边缘有睫毛。叶椭圆形、长圆形或长圆状倒卵形，长4~10 cm，先端尾尖，基部圆形或宽楔形，有不规则锐锯齿，有时兼有重锯齿，两面无毛；叶柄长1~1.5 cm，幼时被绒毛，后脱落无毛，顶端两侧各具1腺体。总状花序长7~10 cm，基部有2~3叶；花序梗和花梗无毛，花梗长2.4 cm，花直径1~1.6 cm；萼筒钟状；萼片三角状卵形，有带腺细锯齿；花瓣白色，长圆形；雄蕊多数。核果卵圆形，直径0.8~1 cm；果柄无毛；萼片脱落。花期4~5月，果期5~10月。

【分布与习性】西吉县火石寨乡有栽培。喜光，耐阴，耐寒性较强，在湿润、肥沃的沙质壤土上生长良好，萌蘖力强，病虫害少。播种或扦插繁殖。

【用途】水土保持和观赏树种。

紫叶稠李 | *Prunus virginiana*

科属：蔷薇科 Rosaceae　李属 *Padus*

【形态特征】落叶小乔木，高8~10 m。树冠宽6~8 m。叶椭圆形，长约12.7 cm，带有锋利的齿状边缘，正面深绿色，背面灰绿色。单叶互生，新叶绿色，进入5月后随着气温升高，逐渐转为紫红绿色至紫红色，秋后变成红色，是不可多得的变色树种。小枝平滑，短枝开花，花白色，有香气，杯状，5裂。果实紫红色，豌豆大小；核褐色。花期4~5月，果期7~8月。

【分布与习性】西吉县吉强镇、兴隆镇有栽培。喜光，稍耐阴，耐寒，喜肥沃、湿润、排水良好的土壤。

【用途】园林绿化彩叶树种。

风箱果 | *Physocarpus amurensis*

科属：蔷薇科 *Rosaceae*　风箱果属 *Physocarpus*

【形态特征】灌木，高可达3m。小枝圆柱形，稍弯曲，无毛或近无毛，幼时紫红色。叶三角状卵形至宽卵形，长3.5~5.5cm，宽3~5cm，先端急尖或渐尖，基部心形或近心形，稀截形，通常基部3裂，稀5裂，边缘有重锯齿，背面微被星状毛与短柔毛，沿叶脉较密；叶柄长1.2~2.5cm，微被柔毛或近无毛。蓇葖果膨大，卵形，顶端渐尖，成熟时沿背缝线、腹缝线开裂，外面微被星状柔毛，内含光亮黄色种子2~5粒。花期6月，果期7~8月。

【分布与习性】西吉县吉强镇有栽培。喜光，亦耐半阴，稍耐寒。播种或扦插繁殖。

【用途】园林美化和观赏树种。

紫叶风箱果 | *Physocarpus opulifolius* 'Purpurea'

科属：蔷薇科 Rosaceae　风箱果属 *Physocarpus*

【形态特征】落叶灌木，高2~3 m。叶三角状卵形，具浅裂，先端尖，基部宽楔形，边缘有复锯齿。整个生长季枝叶一直是紫红色，春季和初夏颜色略浅，仲夏至秋季为深紫红色。顶生伞形总状花序有小花20~60朵，小花直径0.5~1 cm，花白色；萼片三角形。蓇葖果膨大，夏末时为红色，宿存。花期6月下旬至7月下旬，果期9~10月。

【分布与习性】西吉县兴隆镇、吉强镇引进栽培。喜光，耐寒，生长势强，不择土壤。以扦插繁殖为主。

【用途】园林美化树种。

金露梅 | *Potentilla fruticosa*

科属：蔷薇科 Rosaceae　委陵菜属 *Potentilla*　别名：金蜡梅、金老梅、格桑花

【形态特征】灌木，高可达2m，多分枝。小枝红褐色，幼时被长柔毛。羽状复叶，有5（3）小叶，上面1对小叶基部下延与轴合生，叶柄被绢毛或疏柔毛；小叶长圆形、倒卵状长圆形或卵状披针形，长0.7~2cm，边缘平或稍反卷，全缘，先端急尖或圆钝，基部楔形，两面疏被绢毛或柔毛，或近无毛；托叶薄膜质，宽大，外面被长柔毛或脱落。花单生或数朵顶生；花梗密被长柔毛或绢毛；花直径2.2~3cm；萼片卵形，先端急尖至短渐尖，副萼片披针形至倒卵状披针形，先端渐尖至急尖，与萼片近等长，外面疏被绢毛；花瓣黄色，宽倒卵形；花柱近基生，棒状，基部稍细，顶端缢缩，柱头扩大。瘦果近卵圆形，成熟时棕褐色，长约1.5mm，外被长柔毛。花果期6~9月。

【分布与习性】分布在西吉县月亮山。生于山坡草地、砾石坡、灌丛及林缘。耐寒，喜湿润，对土壤要求不严。播种、压条、扦插繁殖。

【用途】庭园观赏树种。

银露梅 | *Potentilla glabra*

科属：蔷薇科 *Rosaceae*　委陵菜属 *Potentilla*　别名：白花棍儿茶、银老梅

【形态特征】灌木，高0.2~2m。小枝灰褐色或紫褐色，疏被柔毛。羽状复叶，有3~5小叶，上面1对小叶基部下延与轴合生，叶柄疏被柔毛；小叶椭圆形、倒卵状椭圆形或卵状椭圆形，长0.5~1.2cm，先端圆钝或急尖，基部楔形或近圆形，边缘平或稍反卷，全缘，两面疏被柔毛或近无毛，托叶外疏被柔毛或近无毛。花单生或数朵顶生；花梗细长，疏被柔毛；花直径1.5~2.5（3.5）cm；萼片卵形，先端急尖或短渐尖，副萼片披针形、倒卵状披针形或卵形，比萼片短或近等长，外面疏被柔毛；花瓣白色，倒卵形；花柱近基生，棒状，基部较细，在柱头下缢缩，柱头扩大。瘦果被毛。花果期6~11月。

【分布与习性】主要分布在西吉县月亮山、沙沟乡、白崖乡等地。生于山坡草地、河谷岩石缝中、灌丛及林中。喜光，耐寒性强，对土壤要求不严，但喜湿润。播种、压条、扦插繁殖。

【用途】观花树种。

蕤 核 | *Prinsepia uniflora*

科属：蔷薇科 Rosaceae　扁核木属 *Prinsepia*　**别名：**马茹、扁核木、马茹刺

【形态特征】灌木。小枝无毛或有极短柔毛；枝刺钻形，长0.5~1 cm，无毛，上无叶。叶互生或丛生，近无柄；叶长圆状披针形或窄长圆形，长2~5.5 cm，先端圆钝或急尖，基部楔形或宽楔形，全缘，有时浅波状或有不明显锯齿，背面淡绿色，两面无毛。花单生或2~3朵簇生于叶丛内；花梗长3~5 mm，无毛；花直径0.8~1 cm；萼筒陀螺状；萼片短三角状卵形或半圆形，先端圆钝，全缘，萼片外面无毛；花瓣白色，有紫色脉纹，倒卵形，长5~6 mm，先端啮蚀状，有短爪，着生在萼筒口花盘边缘；雄蕊10，花丝扁而短，比花药稍长，着生于花盘；心皮1，无毛；花柱侧生，柱头头状。核果球形，成熟后红褐色或黑褐色，直径0.8~1.2 cm，无毛，有光泽；萼片宿存，反折；核两侧扁卵形，长约7 mm，有沟纹。花期4~5月，果期8~9月。

【分布与习性】主要分布在西吉县将台堡镇、兴隆镇、王民乡、兴平乡等地。生于山坡向阳处或山脚下。耐旱，耐寒，根系发达。

【用途】黄土丘陵区优良的水土保持树种。果实可酿酒、制醋或食用，种子可入药。

附：西吉县还分布有本种变种齿叶扁核木 *Prinsepia uniflora* var. *serrata*，其与原种的区别在于叶片边缘有明显锯齿。

蕤核

蕤核

齿叶扁核木

杏 | *Prunus armeniaca*

科属：蔷薇科 Rosaceae　李属 *Prunus*　**别名**：杏树

【形态特征】乔木，高8～12m。小枝无毛。叶宽卵形或卵圆形，长5～9cm，先端尖或短渐尖，基部圆形或近心形，有钝圆锯齿，两面无毛或背面脉腋具柔毛；叶柄长2～3.5cm，无毛，基部常具1～6腺体。花单生，直径2～3cm，先叶开放；花梗长1～3mm，被柔毛；花萼紫绿色，萼筒圆筒形，基部被柔毛，萼片卵形或卵状长圆形，花后反折；花瓣圆形或倒卵形，白色带红晕；花柱下部具柔毛。核果球形，稀倒卵圆形，直径2.5cm以上，成熟时白黄色或黄红色，常具红晕，微被柔毛；果肉多汁，成熟时不裂；核卵圆形或椭圆形，两侧扁平，顶端钝圆，基部对称，稀不对称，稍粗糙或平滑，腹棱较钝圆，背棱较直，腹面具龙骨状棱；种仁味苦或甜。花期3～4月，果期6～7月。

【分布与习性】西吉县各乡镇均有栽培。适应性强，深根性，喜光，耐旱，耐寒。嫁接繁殖。

【用途】常见的经济林之一。

附：西吉县各乡镇还栽培有红梅杏 *Prunus armeniaca* 'Hong mei'。

紫叶李 | *Prunus cerasifera* f. *atropurpurea*

科属：蔷薇科 Rosaceae　李属 *Prunus*　**别名**：红叶李、真红叶李

【形态特征】灌木或小乔木，高可达8 m。多分枝，枝条细长，开展，暗灰色，有时有棘刺；小枝暗红色，无毛。叶椭圆形、卵形或倒卵形，极稀椭圆状披针形，长3（2）~6 cm，宽2~3 cm，先端急尖，基部楔形或近圆形，边缘有圆钝锯齿，有时混有重锯齿，叶紫红色。花1朵，稀2朵，花瓣白色。核果近球形或椭圆形，红色，微被蜡粉。花期4月，果期8月。

【分布与习性】西吉县各乡镇均有栽培。喜光，喜温暖、湿润气候，对土壤要求不严。扦插、芽接、高空压条繁殖。

【用途】紫叶李整个生长季节都为紫红色，宜于建筑物前及庭园路旁或草坪角隅栽植，是一种彩叶观赏树种。

紫叶矮樱 | *Prunus × cistena*

科属：蔷薇科 Rosaceae　李属 *Prunus*

【形态特征】落叶灌木或小乔木，高2.5 m左右，冠幅1.5~2.8 m。幼枝紫褐色，通常无毛，老枝有皮孔，分布于整个枝条。叶长卵形或卵状长椭圆形，长4~8 cm，先端渐尖，基部宽楔形，叶缘有不整齐细钝齿，正面红色或紫色，背面色彩更红，新叶顶端鲜紫红色，当年生枝条木质部红色。花单生，中等偏小，淡粉红色，花瓣5，微香，雄蕊多数，单雌蕊。花期4~5月。

【分布与习性】西吉县各乡镇均有栽培。喜光，耐寒，宜在排水良好的中性或者微酸性沙壤土中生长。扦插繁殖。

【用途】园林绿化彩叶树种。

山 桃 | *Prunus davidiana*

科属：蔷薇科 Rosaceae 李属 *Prunus*   别名：野桃、山毛桃

【形态特征】乔木，高可达10m；树皮暗紫色，光滑。小枝细长，幼时无毛。叶卵状披针形，长5~13cm，先端渐尖，基部楔形，两面无毛，具细锐锯齿；叶柄长1~2cm，无毛，常具腺体。花单生，先叶开放，直径2~3cm；花梗极短或几无梗；花萼无毛，萼筒钟形，萼片卵形或卵状长圆形，紫色；花瓣倒卵形或近圆形，长1~1.5cm，粉红色，先端钝圆，稀微凹。核果近球形，直径2.5~3.5cm，成熟时淡黄色，密被柔毛，果柄短而深入果洼；果肉薄而干，不可食，成熟时不裂；核球形或近球形，两侧扁，顶端钝圆，基部平截，具纵、横沟纹和孔穴，与果肉分离。花期3~4月，果期7~8月。

【分布与习性】广泛分布在西吉县各乡镇。生于山坡、山沟或荒野疏林。耐旱，耐寒，耐盐碱。播种繁殖。

【用途】黄土丘陵地区主要的抗旱造林树种。木材质硬，可做各种手工艺品及手杖；果核可做玩具或念珠。种仁入药。

欧 李 | *Prunus humilis*

科属：蔷薇科 Rosaceae　李属 *Prunus*　别名：钙果

【形态特征】灌木，高1.5 m左右。小枝被短柔毛。冬芽疏被短柔毛或几无毛。叶倒卵状长圆形或倒卵状披针形，长2.5～5 cm，有单锯齿或重锯齿，正面无毛，背面浅绿色，无毛或疏被短柔毛，侧脉6～8对；叶柄长2～4 mm，无毛或疏被短柔毛；托叶线形，长5～6 mm，边有腺体。花单生或2～3朵簇生，花叶同放；花梗长0.5～1 cm，疏被短柔毛；萼筒长宽均约3 mm，外面疏被柔毛，萼片三角状卵形；花瓣白色或粉红色，长圆形或倒卵形；花柱与雄蕊等长，无毛。核果近球形，成熟时红色或紫红色，直径1.5～1.8 cm；核除背部两侧外无棱纹。花期4～5月，果期6～10月。

【分布与习性】零星分布于西吉县白崖乡、吉强镇。喜湿润，耐寒，在肥沃的沙质壤土或轻壤土、黏壤土种植为宜。播种繁殖，也可分根繁殖。

【用途】种仁入药。果实味酸，可食。

杏 梅 | *Prunus mume* var. *bungo*

科属：蔷薇科 Rosaceae　李属 *Prunus*　别名：欧梅、丰后梅

【形态特征】枝叶介于梅、杏之间，花托肿大、梗短、花不香，似杏，果实味酸、果核表面具蜂窝状小凹点，又似梅。杏梅的花期大多介于中花品种与晚花品种之间，若梅园植之，则可在中花品种与晚花品种间起衔接作用。

【分布与习性】主要分布在西吉县兴平乡聂家河。耐寒性强。

【用途】春季重要的观花树种。

长梗扁桃 | *Prunus pedunculata*

科属：蔷薇科 Rosaceae　李属 *Prunus*　别名：长柄扁桃、柄扁桃

【形态特征】灌木，高1~2m。枝开展，具大量短枝；小枝浅褐色至暗灰褐色，幼时被短柔毛。冬芽短小，在短枝上常3个并生，中间为叶芽，两侧为花芽。短枝上的叶密集簇生，一年生枝上的叶互生；叶椭圆形、近圆形或倒卵形，先端急尖或圆钝，基部宽楔形，正面深绿色，背面浅绿色，两面疏生短柔毛，叶缘具不整齐粗锯齿，侧脉4~6对；叶柄长2~5（10）mm，被短柔毛。花单生，稍先叶开放，直径1~1.5cm；花梗长4~8mm，具短柔毛；花粉红色；雄蕊多数；子房密被短柔毛，花柱稍长或几与雄蕊等长。果实近球形或卵球形，直径10~15mm，果肉薄而干，成熟时开裂。花期5月，果期7~8月。

【分布与习性】西吉县火石寨乡有栽培。耐旱，耐寒，耐瘠薄。播种或扦插繁殖。

【用途】水土保持和造林树种。种仁可代郁李仁入药。

桃 | *Prunus persica*

科属： 蔷薇科 Rosaceae　李属 *Prunus*　**别名：** 桃子、毛桃

【形态特征】乔木，高可达8m。小枝无毛。叶长圆状披针形、椭圆状披针形或倒卵状披针形，长7~15cm，先端渐尖，基部宽楔形，正面无毛，背面在脉腋间具少数短柔毛或无毛，叶缘具细锯齿或粗锯齿，侧脉在叶缘结合呈网状；叶柄粗，长1~2cm，常具1至数枚腺体，有时无腺体。花单生，先叶开放，直径2.5~3.5cm；花瓣长圆状椭圆形或宽倒卵形，粉红色，稀白色；花药绯红色。核果卵圆形、宽椭圆形或扁圆形，直径5（3）~7（12）cm，成熟时淡绿白色至橙黄色，向阳面具红晕，密被柔毛；核椭圆形或近圆形，离核或黏核，两侧扁平，顶端渐尖，具纵、横沟纹和孔穴；种仁味苦，稀味甜。花期3~4月，果熟期因品种而异，常8~9月。

【分布与习性】西吉县有栽培。喜光，喜肥沃土壤，适栽于土层深厚并具有灌溉条件的地点。嫁接繁殖。

【用途】主要的经济林树种之一。

桃

附：西吉县还栽培有碧桃 *Prunus persica* 'Duplex'，红叶碧桃 *Prunus persica* 'Atropurpurea'。

碧桃

红叶碧桃

樱 桃 | *Prunus pseudocerasus*

科属：蔷薇科 Rosaceae　李属 *Prunus*　**别名**：樱珠、牛桃

【形态特征】乔木。嫩枝无毛或疏被柔毛。冬芽无毛。叶卵形或长圆状倒卵形，长5~12cm，先端渐尖或尾尖，基部圆形，有尖锐重锯齿，齿端有小腺体，正面近无毛，背面淡绿色，沿脉或脉间有稀疏柔毛，侧脉9~11对；叶柄长0.7~1.5cm，疏被柔毛，先端有1~2大腺体；托叶早落，披针形，有羽裂腺齿。花序伞房状或近伞形，有花3~6朵，花先叶开放；总苞倒卵状椭圆形，褐色，长约5mm，边有腺齿；花梗长0.8~1.9cm，疏被柔毛；萼筒钟状，长3~6mm，外面疏被柔毛，萼片三角状卵形或卵状长圆形，全缘，长为萼筒一半或近半；花瓣白色，卵形，先端下凹或2裂；花柱与雄蕊近等长，无毛。核果近球形，成熟时红色，直径0.9~1.3cm。花期3~4月，果期5~6月。

【分布与习性】西吉县吉强镇、偏城乡、兴隆镇、平峰镇等地有栽培。喜光，喜温，喜肥沃、深厚土壤。播种、扦插、嫁接繁殖。

【用途】果实可食。

李 | *Prunus salicina*

科属：蔷薇科 Rosaceae　李属 *Prunus*　别名：玉皇李、山李子

【形态特征】落叶乔木，高可达12 m。小枝无毛。冬芽无毛。叶长圆状倒卵形、长椭圆形，稀长圆状卵形，长6~8（12）cm，先端渐尖、急尖或短尾尖，基部楔形，有圆钝重锯齿，常兼有单锯齿，幼时齿尖带腺，侧脉6~10对，两面无毛，有时背面沿中脉有疏柔毛或脉腋有髯毛；叶柄长1~2 cm，无毛，顶端有2腺体或无。花2~3朵簇生；花梗长1~2 cm，无毛；花直径1.5~2.2 cm；萼筒钟状，萼片长圆状卵形，长约5 mm，萼片和萼筒外面均无毛；花瓣白色，长圆状倒卵形，先端啮蚀状。核果球形、卵圆形或近圆锥形，直径3.5~5 cm，栽培品种可达7 cm，成熟时黄色或红色，有时为绿色或紫色，柄下陷，顶端微尖，被腊粉；核卵圆形或长圆形。花期4月，果期7~8月。

【分布与习性】西吉县各乡镇均有栽培。

【用途】除生食外，还可做李脯、李干，或酿成果酒和制成罐头。

刺毛樱桃 | *Prunus setulosa*

科属：蔷薇科 Rosaceae　李属 *Prunus*　别名：刺毛山樱花

【形态特征】灌木或小乔木，高1.5~5m；树皮灰棕色。叶卵形、倒卵形或卵状椭圆形，长2~5cm，宽1~2.5cm，先端尾状渐尖或骤尖，基部圆形，边有圆钝重锯齿，齿尖有小腺体；托叶卵状长圆形或倒卵状披针形，长4~8mm，宽1.5~3mm，边有腺齿。花序伞形，有花2~3朵，花叶同放；花直径6~8mm；萼筒管状，长5~6mm，宽3~4mm，外面疏被糙毛，萼片开展，三角状长卵形，长2~3mm，两面均疏被柔毛，先端急尖，边有疏齿；花瓣倒卵形或近圆形，粉红色；雄蕊30~40，与萼片近等长或短于萼片；花柱比雄蕊略长或与雄蕊近等长，中部以下疏被柔毛。核果红色，卵状椭圆形，纵直径约8mm，横直径约6mm；核表面略有棱纹。花期4~6月，果期6~8月。

【分布与习性】主要分布在西吉县土石山区。生于山坡、山谷林中或灌丛中。耐阴，喜温暖、湿润气候。播种繁殖。

【用途】可驯化用于园林绿化。果实可食。

山 杏 | *Prunus sibirica*

科属：蔷薇科 Rosaceae　李属 *Prunus*　**别名**：西伯利亚杏

【形态特征】灌木或小乔木，高2～5 m；树皮暗灰色。小枝无毛，稀幼时疏生短柔毛，灰褐色或淡红褐色。叶宽卵形或近圆形，先端长渐尖或尾尖，基部圆形或近心形，叶缘有细钝锯齿，两面无毛，稀背面脉腋间具短柔毛。花单生，直径1.5～2 cm，先叶开放；花梗长1～2 mm；花萼紫红色；萼筒钟形，基部微被短柔毛或无毛；萼片长圆状椭圆形，先端尖，花后反折；花瓣近圆形或倒卵形，白色或粉红色；雄蕊与花瓣近等长；子房被短柔毛。果实扁球形，直径1.5～2.5 cm，黄色或橘红色，有时具红晕，被短柔毛；果肉较薄而干，成熟时开裂，味酸涩，不可食，成熟时沿腹缝线开裂；核扁球形，易与果肉分离，两侧扁，顶端圆形，基部一侧偏斜，不对称，表面较平滑，腹面宽而锐利；种仁味苦。花期3～4月，果期6～7月。

【分布与习性】分布在西吉县各乡镇。生于干燥向阳山坡、草原，或与落叶乔灌木混生。适应性强，喜光，根系发达，深入地下，耐寒，耐旱，耐瘠薄。播种繁殖。

【用途】荒山绿化、水土保持树种。种仁可入药。

毛樱桃 | *Prunus tomentosa*

科属：蔷薇科 Rosaceae　**李属** *Prunus*　**别名：**野樱桃、山樱桃

【形态特征】灌木，稀小乔木。嫩枝密被绒毛或无毛。冬芽疏被柔毛或无毛。叶卵状椭圆形或倒卵状椭圆形，长2~7 cm，有急尖或粗锐锯齿，正面疏被柔毛，背面灰绿色，密被灰色绒毛至稀疏，侧脉4~7对；叶柄长2~8 mm，被绒毛至稀疏；托叶线形，长3~6 mm，被长柔毛。花单生或2朵簇生，花叶同放，近先叶开放或先叶开放；花梗长2.5 mm或近无梗；萼筒管状或杯状，长4~5 mm，外被柔毛或无毛，萼片三角状卵形，长2~3 mm，内外被柔毛或无毛；花瓣白色或粉红色，倒卵形；雄蕊短于花瓣；花柱伸出，与雄蕊近等长或稍长；子房被毛或仅顶端或基部被毛。核果近球形，成熟时红色，直径0.5~1.2 cm；核棱脊两侧有纵沟。花期4~5月，果期6~9月。

【分布与习性】西吉县各乡镇均有栽培。喜光，喜温，根系分布浅，不耐旱，不耐涝，也不抗风。播种、扦插、嫁接繁殖。

【用途】集观花、观果、观形为一体的园林观赏树种。果实微酸甜，可食。

榆叶梅 | *Prunus triloba*

科属：蔷薇科 Rosaceae 李属 *Prunus* **别名**：小桃红

【形态特征】灌木，稀小乔木，高2~3m。小枝无毛或幼时微被柔毛。短枝上的叶常簇生，一年生枝上的叶互生；叶宽椭圆形或倒卵形，长2~6cm，先端短渐尖，常3裂，基部宽楔形，正面疏被柔毛或无毛，背面被柔毛，具粗锯齿或重锯齿；叶柄长0.5~1cm，被柔毛。花1~2朵，先叶开放，直径2~3cm；花梗长4~8mm；萼筒宽钟形，长3~5mm，无毛或幼时微具毛，萼片卵形或卵状披针形，无毛，近先端疏生小齿；花瓣近圆形或宽倒卵形，长0.6~1cm，粉红色。核果近球形，直径1~1.8cm，顶端具小尖头，成熟时红色，被柔毛；果柄长0.5~1cm；果肉薄，成熟时开裂；核近球形，具厚硬壳，直径1~1.6cm，两侧几不扁，顶端钝圆，具不整齐网纹。花期4~5月，果期5~7月。

【分布与习性】西吉县各乡镇均有栽培。喜光，稍耐阴，耐寒，根系发达，抗病力强。播种、压条、嫁接均可繁殖。

【用途】观赏树种。

附：西吉县吉强镇、兴平乡等地还栽培有重瓣榆叶梅 *Prunus triloba* f. *multiplex*，系榆叶梅的变型，主要特点是花重瓣，萼片通常10，花多而密集，花较大，是重要的观赏、绿化树种。

榆叶梅

榆叶梅

重瓣榆叶梅

杜 梨 | *Pyrus betulifolia*

科属：蔷薇科 Rosaceae　梨属 *Pyrus*　**别名：**灰梨、土梨、海棠梨

【形态特征】乔木，高可达10m。枝常有刺；小枝紫褐色，幼枝、幼叶两面、叶柄、总花梗、花梗和萼筒外面皆生灰白色绒毛。叶菱状卵形或长卵形，长4～8cm，宽2.5～3.5cm，基部宽楔形，稀近圆形，边缘有尖锐锯齿，老叶仅背面微有绒毛或近无毛；叶柄长2～3cm。伞形总状花序有花10～15朵，花梗长2～2.5cm；花白色，直径1.5～2cm；萼裂片三角状卵形；花瓣卵形；花柱2～3，离生。梨果近球形，直径0.5～1cm，2～3室，褐色，有淡色斑点，萼裂片脱落。花期4月，果期8～9月。

【分布与习性】西吉县各乡镇均有栽培。生于山坡向阳处或杂木林中。适应性强，喜光，耐寒，耐旱，耐涝，耐瘠薄。

【用途】西北地区主要的防风固沙和水土保持树种。

白　梨 | *Pyrus bretschneideri*

科属：蔷薇科 Rosaceae　梨属 *Pyrus*　**别名**：罐梨、白挂梨

【形态特征】乔木，高可达8m。幼枝密被柔毛，不久即脱落，老枝紫褐色，疏生皮孔。冬芽卵圆形。叶卵形或椭圆状卵形，长5~11cm，先端渐尖，稀急尖，基部宽楔形，稀近圆形，边缘有尖锐锯齿，齿尖有刺芒，微向内合拢，两面均有绒毛，不久即脱落；托叶膜质，线形至线状披针形，疏被柔毛，早落。花7~10朵组成伞形总状花序，直径4~7cm，花梗长1.5~3cm，花梗和花序梗被绒毛；苞片膜质，早落；花直径2~3.5cm；萼片三角形，边缘有腺齿，外面无毛；花瓣白色，卵形，先端常啮蚀状；雄蕊20；花柱5或4，与雄蕊近等长，无毛。果实卵球形或近球形，长2.5~3cm，直径2~2.5cm，先端萼片脱落，果柄肥厚，黄色，有细密斑点，4~5室；种子倒卵圆形。花期4月，果期8~9月。

【分布与习性】西吉县引进栽培。喜冷凉、干燥的气候，喜光，耐旱。嫁接繁殖。

【用途】经济林树种。

附：西吉县栽培的白梨品种还有早酥梨 *Pyrus bretschneideri* 'Zaosu'、红酥梨 *Pyrus bretschneideri* 'Hongsu' 黄冠梨 *Pyrus bretschneideri* 'Huangguan'、苹果梨 *Pyrus bretschneideri* 'Pingguo'。

秋子梨 | *Pyrus ussuriensis*

科属： 蔷薇科 Rosaceae　　梨属 *Pyrus*　　**别名：** 沙果梨、山梨、青皮梨

【形态特征】乔木，高可达15 m。小枝无毛或微具毛，老枝黄褐色，疏生皮孔。叶卵形至宽卵形，长5~10 cm，先端短渐尖，基部圆形或近心形，稀宽楔形，边缘有刺芒状尖锐锯齿，两面无毛或幼时被绒毛，不久即脱落；叶柄长2~5 cm，幼时有绒毛，不久即脱落；托叶线状披针形，早落。花5~7朵，密集；花梗长2~5 cm，幼时被绒毛，不久即脱落；苞片膜质，线状披针形，早落；花直径3~3.5 cm；萼片三角状披针形，有腺齿，外面无毛；花瓣白色，倒卵形或宽卵形，无毛；雄蕊20，短于花瓣，花药紫色；花柱5，离生，近基部有稀疏柔毛。果实近球形，黄色，直径2~6 cm，有宿存萼片，基部微下陷，果柄长1~2 cm。花期5月，果期8~10月。

【分布与习性】西吉县各乡镇均有栽培。耐寒性很强，宜生长在寒冷而干燥的山区。播种或嫁接繁殖。

【用途】实生苗在果园中常用作白梨的抗寒砧木。

木 梨 | *Pyrus xerophila*

科属：蔷薇科 Rosaceae　梨属 *Pyrus*　**别名**：棠梨、野梨、酸梨

【形态特征】乔木，高可达10 m。叶卵形或长卵形，稀长椭圆状卵形，长4~7 cm，先端渐尖，稀急尖，基部圆形，具钝锯齿，稀先端具少数细锐锯齿，两面均无毛或萌蘖叶具柔毛，侧脉5~10对；叶柄长2.5~5 cm，无毛；托叶膜质，线状披针形，长0.6~1 cm，内面具白色绵毛，早落。伞形总状花序有花3~6朵，花序梗和花梗幼时均疏被柔毛，旋脱落，花梗长2~3 cm；苞片膜质，线状披针形，长约1 cm，早落；花直径2~2.5 cm；被丝托外面无毛或近无毛；萼片三角状卵形，外面无毛，内面具绒毛；花瓣宽卵形，具短爪，白色；雄蕊20，稍短于花瓣；花柱5，稀4，和雄蕊近等长，基部具稀疏柔毛。果实卵球形或椭圆形，直径1~1.5 cm，褐色，有稀疏斑点，萼片宿存，4~5室，果柄长2~3.5 cm。花期4月，果期8~9月。

【分布与习性】西吉县吉强镇、火石寨自然保护区、沙沟乡有分布。生于山坡、灌丛中。深根性，耐旱，寿命很长。播种繁殖。

【用途】果实可食用。

西洋梨 | *Pyrus communis*

科属：蔷薇科 Rosaceae 梨属 *Pyrus* 别名：洋梨

【形态特征】乔木，高可达15 m，稀至30 m。小枝有时具刺，无毛或幼时微具柔毛。叶卵形、近圆形或椭圆形，长2～5（7）cm，先端急尖或短渐尖，基部宽楔形或近圆形，具圆钝锯齿，稀全缘，幼时有蛛丝状柔毛，旋脱落或仅背面沿中脉有柔毛；叶柄长1.5～5 cm，幼时微具柔毛；托叶膜质，线状披针形，微具柔毛，早落。伞形总状花序具花6～9朵，花序梗和花梗具柔毛或无毛；花梗长2～3.5 cm；苞片膜质，线状披针形，早落；花直径2.5～3 cm；被丝托外被柔毛，萼片三角状披针形，内外两面均被柔毛；花瓣倒卵形，长1.3～1.5 cm，具短爪，白色；雄蕊20，长约花瓣之半；花柱5，基部具柔毛。果实倒卵形或近球形，长3～4 cm，绿色、黄色，稀带红晕，具斑点，萼片宿存。花期4月，果期7～9月。

【分布与习性】西吉县兴隆镇、兴平乡引进栽培。喜冷凉、干燥气候，喜光，耐旱性强，对土壤要求不严，较耐水涝和盐碱，在土层深厚、排水良好的沙质壤土或轻壤土上生长良好。嫁接繁殖。

【用途】果实可生食。

月季花 | *Rosa chinensis*

科属：蔷薇科 Rosaceae　蔷薇属 *Rosa*　**别名**：月月花、月月红、月季

【形态特征】直立灌木。小枝近无毛，有短粗钩状皮刺或无刺。小叶3~5，连叶柄长5~11 cm；小叶宽卵形或卵状长圆形，长2.5~6 cm，有锐锯齿，两面近无毛，正面暗绿色，常有光泽，背面颜色较浅；顶生小叶有柄，侧生小叶近无柄，总叶柄较长，有散生皮刺和腺毛；托叶大部贴生于叶柄，顶端分离部分耳状，边缘常有腺毛。花数朵集生，稀单生，直径4~5 cm；花梗长2.5~6 cm，近无毛或有腺毛；萼片卵形，先端尾尖，常有羽状裂片，稀全缘，外面无毛，内面密被长柔毛；花瓣重瓣至半重瓣，红色、粉红色或白色，倒卵形，先端微凹；花柱离生，伸出花萼，约与雄蕊等长。蔷薇果卵圆形或梨形，长1~2 cm，成熟时红色，萼片脱落。花期4~9月，果期6~11月。

【分布与习性】西吉县各乡镇均有栽培。喜温暖，适应性强，耐寒、耐旱，对土壤要求不严。以扦插繁殖为主，也可压条、分株繁殖。

【用途】常用于花坛、庭院绿化美化，也可切花、插花等。

山刺玫 | *Rosa davurica*

科属：蔷薇科 Rosaceae　蔷薇属 *Rosa*　别名：刺玫果、刺玫蔷薇、野蔷薇

【形态特征】直立灌木。小枝无毛，有带黄色皮刺，皮刺基部膨大，稍弯曲，常成对生于小叶或叶柄基部。小叶7~9，连叶柄长4~10 cm；小叶长圆形或宽披针形，长1.5~3.5 cm，有单锯齿或重锯齿，正面无毛，中脉和侧脉下陷，背面灰绿色，有腺点和稀疏短毛；叶柄和叶轴有柔毛、腺毛和稀疏皮刺，托叶大部贴生于叶柄，离生部分卵形，边缘有带腺锯齿，下面被柔毛。花单生于叶腋，或2~3朵簇生，直径3~4 cm；苞片卵形，有腺齿，下面有柔毛和腺点；花梗长5~8 cm，无毛或有腺毛；花萼近圆形，无毛，萼片披针形，先端叶状，有不整齐锯齿和腺毛；花瓣粉红色，倒卵形，先端不平整；花柱离生，被毛，短于雄蕊。蔷薇果近球形或卵圆形，直径1~1.5 cm，成熟时红色，平滑，宿存萼片直立。花期6~7月，果期8~9月。

【分布与习性】西吉县吉强镇、兴平乡有分布。常生于疏林中或林缘。喜温暖，喜光，耐旱，忌涝，畏寒。压条、分株繁殖。

【用途】优良的水土保持和防沙治沙树种。果实可生食，亦可加工制作果汁、果酒和果酱等食品。

黄蔷薇 | *Rosa hugonis*

科属：蔷薇科 Rosaceae　蔷薇属 *Rosa*　别名：红眼刺、大马茄子

【形态特征】矮小灌木，高约2.5 m。枝粗壮，常呈弓形；小枝圆柱形，无毛，皮刺扁平，常混生细密针刺。小叶5~13，连叶柄长4~8 cm；小叶卵形、椭圆形或倒卵形，长8~20 mm，宽5~12 mm，先端圆钝或急尖，边缘有锐锯齿，两面无毛，正面中脉下陷，背面中脉凸起；托叶狭长，大部贴生于叶柄，离生部分极短，呈耳状，无毛，边缘有稀疏腺毛。花单生于叶腋，无苞片；花梗长1~2 cm，无毛；花直径4~5.5 cm；萼筒、萼片外面无毛，萼片披针形，先端渐尖，全缘，有明显的中脉，内面有稀疏柔毛；花瓣黄色，宽倒卵形，先端微凹，基部宽楔形；雄蕊多数，着生在坛状萼筒口周围；花柱离生，被白色长柔毛，稍伸出萼筒口，比雄蕊短。果实扁球形，直径12~15 mm，紫红色至黑褐色，无毛，有光泽，宿存萼片反折。花期5~6月，果期7~8月。

【分布与习性】分布于西吉县沙沟乡、白崖乡、火石寨乡等地。生于山坡向阳处、林边灌丛中。喜光，耐寒，耐旱。扦插繁殖。

【用途】优良的园林观赏树种。

扁刺峨眉蔷薇 | *Rosa omeiensis* f. *pteracantha*

科属：蔷薇科 Rosaceae　蔷薇属 *Rosa*

【形态特征】直立灌木，高3~4m。小枝细弱，有扁而基部膨大的皮刺，幼时常密被针刺或无。小叶9~13（17），连叶柄长3~6cm；小叶长圆形或椭圆状长圆形，长8~30mm，宽4~10mm，先端急尖或圆钝，基部圆钝或宽楔形，边缘有锐锯齿，正面无毛，中脉下陷，背面中脉有疏柔毛，中脉凸起；叶轴和叶柄有散生小皮刺；托叶大部贴生于叶柄，顶端离生部分三角状卵形，边缘有齿或全缘，有时有腺。花单生于叶腋，无苞片；花梗长6~20mm，无毛；花直径2.5~3.5cm；萼片4，披针形，全缘，先端渐尖或长尾尖，外面近无毛，内面有稀疏柔毛；花瓣4，白色，倒三角状卵形，先端微凹，基部宽楔形；花柱离生，被长柔毛，比雄蕊短很多。果实倒卵状球形或梨形，直径8~15mm，亮红色，成熟时果梗肥大，宿存萼片直立。花期5~6月，果期7~9月。

【分布与习性】分布于西吉县火石寨乡。生于山坡杂木林中。适应性很强，对土壤要求不严。播种或扦插繁殖。

【用途】水土保持和观赏树种。果实味甜，可食，也可酿酒。

樱草蔷薇 | *Rosa primula*

科属：蔷薇科 Rosaceae　蔷薇属 *Rosa*

【形态特征】直立小灌木，高1~2 m。小枝圆柱形，细弱，无毛，散生直立稍扁而基部膨大的皮刺。小叶9~15，稀7，连叶柄长3~7 cm；小叶椭圆形、椭圆状倒卵形至长椭圆形，长6~15 mm，宽3~8 mm，先端圆钝或急尖，基部近圆形或宽楔形，边缘有重锯齿，两面均无毛，背面中脉凸起，密被腺点；叶轴、叶柄有稀疏腺；托叶卵状披针形，大部贴生于叶柄，边缘有不明显锯齿和腺，无毛。花单生于叶腋，无苞片；花梗长8~10 mm，无毛；花直径2.5~4 cm；萼筒、萼片外面无毛，萼片披针形，先端渐尖，全缘，内面有稀疏长柔毛；花瓣淡黄色或黄白色，倒卵形，先端微凹，基部宽楔形；花柱离生，被长柔毛，比雄蕊短。果实卵球形或近球形，直径约1 cm，红色或黑褐色，无毛，宿存萼片反折，果梗长可达1.5 cm。花期5~7月，果期7~11月。

【分布与习性】西吉县城区和火石寨乡有栽培。生于路旁、沟边或疏林中。适应性强，喜光，亦耐半阴，耐寒，耐旱，耐瘠薄，不耐水湿。播种、扦插、压条繁殖。

【用途】水土保持及园林绿化树种。

玫 瑰 | *Rosa rugosa*

科属： 蔷薇科 Rosaceae　蔷薇属 *Rosa*　**别名：** 平阴玫瑰

【形态特征】灌木，高可达2 m。茎粗壮，丛生；小枝密被绒毛，具针刺和腺毛，有皮刺，皮刺直立或弯曲，淡黄色，被绒毛。小叶5，连叶柄长5～13 cm，小叶椭圆形或椭圆状倒卵形，长15～45 cm，有尖锐锯齿，正面无毛，叶脉下陷，有褶皱，背面灰绿色，密被绒毛和腺毛；叶柄和叶轴密被绒毛和腺毛，托叶大部贴生于叶柄，离生部分卵形，边缘有带腺锯齿，正面被绒毛。花单生于叶腋，或数朵簇生，直径4～5.5 cm；苞片卵形，边缘有腺毛，外被绒毛；花梗长5～22.5 cm，密被绒毛和腺毛；萼片卵状披针形，常有羽状裂片而扩展呈叶状，正面有稀疏柔毛，背面密被柔毛和腺毛；花瓣紫红色或白色，芳香，半重瓣至重瓣，倒卵形；花柱离生，被毛，稍伸出花萼，短于雄蕊。蔷薇果扁球形，直径2～2.5 cm，成熟时砖红色，肉质，平滑，萼片宿存。花期5～6月，果期8～9月。

【分布与习性】西吉县各乡镇均有栽培。喜光，耐寒，耐旱，喜排水良好、疏松、肥沃的壤土或轻壤土。扦插、压条、嫁接繁殖。

【用途】观赏和经济价值极高。鲜花可以提取芳香油，花瓣可以制饼馅、玫瑰酒、玫瑰糖浆，干制后可以泡茶，花蕾入药。

钝叶蔷薇 | *Rosa sertata*

科属： 蔷薇科 Rosaceae　蔷薇属 *Rosa*

【形态特征】灌木，高1~2m；小枝圆柱形，细弱，无毛，散生直立皮刺或无刺。小叶7~11，连叶柄长5~8cm；小叶椭圆形至卵状椭圆形，长1~2.5cm，宽7~15mm，先端急尖或圆钝，基部近圆形，边缘有尖锐单锯齿，近基部全缘，两面无毛，或背面沿中脉有稀疏柔毛，中脉和侧脉均凸起；小叶柄和叶轴有稀疏柔毛、腺毛和小皮刺；托叶大部贴生于叶柄，离生部分耳状，卵形，无毛，边缘有腺毛。花单生或3~5朵排成伞房状；小苞片1~3，卵形，先端短渐尖，无毛，边缘有腺毛；花梗长1.5~3cm，花梗和萼筒无毛或有稀疏腺毛；花直径2~3.5cm；萼片卵状披针形，先端延长呈叶状，全缘，外面无毛，内面被黄白色柔毛，边缘较密；花瓣粉红色或玫瑰色，宽倒卵形，先端微凹，基部宽楔形，比萼片短；花柱离生，被柔毛，比雄蕊短。果实卵球形，顶端有短颈，长1.2~2cm，直径约1cm，深红色。花期6月，果期8~10月。

【分布与习性】分布于西吉县火石寨乡和沙沟乡。生于山坡、路旁、沟边或疏林中。适应性强，喜光，亦耐半阴，耐寒，耐旱，耐瘠薄，不耐水湿。播种、扦插、压条繁殖。

【用途】水土保持和观赏树种。

附：西吉县火石寨乡还分布有刺萼钝叶蔷薇 *Rosa sertata* f. *setissepalosa*，其主要特征为叶背面被柔毛，花萼外侧具刺毛。

钝叶蔷薇

钝叶蔷薇

刺萼钝叶蔷薇

刺梗蔷薇 | *Rosa setipoda*

科属：蔷薇科 Rosaceae　蔷薇属 *Rosa*　别名：刺柄蔷薇

【形态特征】灌木，高可达3m。小枝圆柱形，微弓曲，无毛，散生宽扁皮刺，稀无刺。小叶5~9，连叶柄长8~19cm；小叶卵形、椭圆形或宽椭圆形，长2.5~5.2cm，宽1.2~3cm，先端急尖或圆钝，基部近圆形或宽楔形，边缘有重锯齿，齿尖常带腺体，正面无毛，背面中脉和侧脉均凸起，有柔毛和腺体；小叶柄和叶轴密被腺毛或疏生小皮刺；托叶大部贴生于叶柄，离生部分耳状，三角状披针形，先端渐尖，边缘及下面有腺体。稀疏伞房花序，花序基部苞片2~3，苞片卵形，先端渐尖，边缘有不规则的齿和腺体，下面有明显网脉、柔毛和腺体；花梗长1.3~2.4cm，被腺毛；花直径3.5~5cm；萼片卵形，先端扩展呈叶状，边缘具羽状裂片或有锯齿，齿尖带腺体，外面有腺毛，内面密被绒毛；花瓣粉红色或玫瑰紫色，宽倒卵形，外面微被柔毛；花柱离生，被柔毛，比雄蕊短很多。果实长圆状卵球形，先端有短颈，直径1~2cm，深红色，有腺毛或无，宿存萼片直立。花期5~7月，果期7~10月。

【分布与习性】分布于西吉县扫竹岭林场。生于沟边或疏林中。喜光，亦耐半阴，较耐寒，不耐水湿，忌积水。播种或扦插繁殖。

【用途】水土保持和观赏树种。

扁刺蔷薇 | *Rosa sweginzowii*

科属：蔷薇科 Rosaceae　蔷薇属 *Rosa*　**别名**：野刺玫、油瓶子

【形态特征】灌木，高可达5m。小枝无毛或有稀疏短柔毛，有基部膨大而扁平的皮刺，有时老枝常混有针刺。小叶7~11，连叶柄长6~11cm；小叶椭圆形或卵状长圆形，长2~5cm，有重锯齿，正面无毛，背面有柔毛或仅沿脉有柔毛；小叶柄和叶轴有柔毛、腺毛和散生小皮刺，托叶大部贴生于叶柄，离生部分卵状披针形，边缘有腺齿。花单生或2~3朵簇生；花梗长1.5~2cm；苞片1~2，卵状披针形，下面中脉明显，有带腺锯齿，有时有羽状裂片，外面近无毛，内面有短柔毛，边缘较密；花瓣粉红色，宽倒卵形，先端微凹；花柱离生，密被柔毛，短于雄蕊。蔷薇果长圆形或倒卵状长圆形，顶端有短颈，长1.5~2.5cm，成熟时紫红色，外面常有腺毛；宿存萼片直立。花期6~7月，果期8~11月。

【分布与习性】分布于西吉县白崖乡。生于山坡路旁或灌丛中。喜光，耐旱，耐瘠薄，不耐水湿，忌积水。播种、嫁接、分株等繁殖。

【用途】具有较高的园艺价值。

附：西吉县还分布有本种变种腺叶扁刺蔷薇 *Rosa sweginzowii* var. *glandulosa*，其与原种的区别在于小叶下面密被有柄腺体，花梗较长，2~3cm，密被柔毛，萼片先端延长，有时具明显羽状裂片。

腺叶扁刺蔷薇

扁刺蔷薇

161

黄刺玫 | *Rosa xanthina*

科属：蔷薇科 Rosaceae　蔷薇属 *Rosa*　别名：重瓣黄刺玫

【形态特征】灌木，高2~3m。枝密集，披散；小枝无毛，有散生皮刺，无针刺。小叶7~13，连叶柄长3~5cm；小叶宽卵形或近圆形，稀椭圆形，长0.8~2cm，先端圆钝，基部宽楔形或近圆形，有圆钝锯齿，正面无毛，背面幼时疏被柔毛，渐脱落；叶轴和叶柄有稀疏柔毛和小皮刺；托叶带状披针形，大部贴生于叶柄，离生部分耳状，边缘有带腺锯齿。花单生于叶腋，重瓣或半重瓣，黄色，直径3~4（5）cm，无苞片；花梗长1~1.5cm；花萼外面无毛；萼片披针形，全缘，内面有稀疏柔毛；花瓣宽倒卵形，先端微凹；花柱离生，被长柔毛，微伸出萼筒，比雄蕊短。蔷薇果近球形或倒卵圆形，成熟时紫褐色或黑褐色，直径0.8~1cm，无毛；萼片反折。花期4~6月，果期7~8月。

【分布与习性】西吉县月亮山林场引进栽培。喜光，稍耐阴，耐寒性强。分株、扦插繁殖。

【用途】水土保持、园林绿化及观赏树种。果实可食，亦可制果酱；花可提取芳香油；花、果药用。

附：西吉县常见的栽培品种还有单瓣黄刺玫 *Rosa xanthina* var. *normalis*，其主要特点是花单生于叶腋，单瓣，黄色。

黄刺玫

黄刺玫

单瓣黄刺玫

秦岭蔷薇 | *Rosa tsinglingensis*

科属： 蔷薇科 Rosaceae　蔷薇属 *Rosa*

【形态特征】小灌木，高2~3m。小枝无毛，散生浅色皮刺，有时偶有针刺及腺毛。小叶11~13，稀9，连叶柄长5~11 cm；小叶椭圆形或长圆形，长1~2 cm，有重锯齿或单锯齿，幼时齿尖带腺，正面无毛，叶脉下陷，背面无毛或近无毛，常沿中脉有腺毛；叶轴、叶柄有散生皮刺和腺毛；托叶大部贴生于叶柄，顶端离生部分耳状，无毛，边缘具腺齿。花单生于叶腋，直径2.5~3 cm，无苞片；花梗长1.5~2 cm，无毛，有散生腺毛；花萼外面无毛，萼片三角状披针形，全缘或有锯齿，内面密被柔毛；花瓣白色，倒卵形；花柱离生，稍伸出，密被柔毛。蔷薇果倒卵圆形或长圆状倒卵圆形，长2~3 cm，红褐色，宿存萼片直立。花期7~8月，果期9月。

【分布与习性】西吉县沙沟乡有分布。多生于林下或灌丛中。耐寒，喜湿润、肥沃土壤。播种、扦插、压条、嫁接繁殖。

【用途】优良的观赏树种。

西北蔷薇 | *Rosa davidii*

科属： 蔷薇科 Rosaceae 蔷薇属 *Rosa* **别名：** 万朵刺

【形态特征】灌木，高1.5~3m；小枝圆柱形，开展，细弱，无毛，刺直立或弯曲，通常扁而基部膨大。小叶7~9，稀11或5，连叶柄长7~14cm；小叶卵状长圆形或椭圆形，长2.5~4（6）cm，宽1~2（3）cm，先端急尖，基部近圆形或宽楔形，边缘有尖锐单锯齿，近基部全缘，正面深绿色，通常无毛，背面灰白色，密被短柔毛或散生柔毛，小叶柄和叶轴有短柔毛、腺毛和稀疏小刺；托叶大部贴生于叶柄，离生部分卵形，先端有短尖，边缘有腺体。花多朵排成伞房状花序；花梗长1.5~2.5cm，有柔毛和腺毛；花直径2~3cm；萼片卵形，先端伸长呈叶状，全缘，两面均有短柔毛，内面较密，外面有腺毛；花瓣深粉色，宽倒卵形，先端微凹，基部宽楔形；花柱离生，密被柔毛，外伸，比雄蕊短或近等长。果实长椭圆形或长倒卵圆形，顶端有长颈，直径1~2cm，深红色或橘红色，有腺毛或无；果梗密被柔毛和腺毛，宿存萼片直立。花期6~7月，果期9月。

【分布与习性】分布于西吉县沙沟乡。生于山坡疏林中。喜光，亦耐半阴，较耐寒。播种、扦插繁殖。

【用途】水土保持和观赏树种。

刺毛蔷薇 | *Rosa farreri*

科属：蔷薇科 Rosaceae　蔷薇属 *Rosa*

【形态特征】小灌木，高1~2 m。小枝圆柱形，细弱，密生针刺和散生皮刺。小叶7~9，连叶柄长3~5 cm；小叶卵形或椭圆形，长5~18 mm，宽3~10 mm，先端圆钝或急尖，基部楔形或近圆形，边缘有尖锐锯齿，齿尖向前伸，近基部常全缘；两面无毛或背面中脉稍有柔毛；小叶柄和叶轴被腺毛和散生小皮刺；托叶大部贴生于叶柄，离生部分披针形，无毛，边缘有腺。花单生，花梗细，长1~2.6 cm，无毛，有腺或无腺；花直径1.5~2 cm；萼筒长圆形，光滑无毛，萼片卵状披针形，全缘，先端渐狭，后伸展呈带状，外面无毛，内面密被白色绒毛，比花瓣稍长或近等长；花瓣粉红色，倒卵形或长圆形，先端微凹；花柱不伸出，比雄蕊短很多，密被柔毛。果实椭圆形或卵状长圆形，长8~12 mm，朱红色，顶端有短颈，萼片宿存。花期5~6月，果期6~9月。

【分布与习性】分布于西吉县火石寨自然保护区。生于山坡、沟边或疏林中。喜光，亦耐半阴，较耐寒。播种、嫁接、扦插繁殖。

【用途】水土保持和观赏树种。

覆盆子 | *Rubus idaeus*

科属：蔷薇科 Rosaceae　悬钩子属 *Rubus*　**别名**：红树莓

【形态特征】灌木，高1~2m。幼枝被柔毛，疏生皮刺。小叶3~7，长卵形或椭圆形，顶生小叶常卵形，有时浅裂，长3~8cm，正面无毛或疏生柔毛，背面密被灰白色绒毛，有不规则粗锯齿或重锯齿；叶柄长3~6cm，被绒毛状短柔毛和稀疏小刺；托叶线形，被短柔毛。短总状花序顶生或腋生，密被绒毛状短柔毛和针刺；花梗长1~2cm；苞片线形，被短柔毛；花直径1~1.5cm；花萼密被柔毛和针刺，萼片卵状披针形，先端边缘具灰白色绒毛，花果期均直立；花瓣匙形，被短柔毛或无毛，白色；花丝长于花柱；花柱基部和子房密被灰白色绒毛。果实近球形，多汁液，直径1~1.4cm，成熟时红色或橙黄色，密被短绒毛；核具洼孔。花期5~6月，果期8~9月。

【分布与习性】主要分布在西吉县扫竹岭林场。生于山地杂木林边、灌丛中。喜光，耐寒，喜水肥，对土壤要求不严，生长快，分枝力强。播种、扦插、分根繁殖。

【用途】果实可食用，也可入药。

茅 莓 | *Rubus parvifolius*

科属：蔷薇科 Rosaceae　悬钩子属 *Rubus*　**别名**：茅莓悬钩子

【形态特征】灌木，高1~2m。枝呈弓形弯曲，被柔毛和稀疏钩状皮刺。小叶3（5），菱状卵圆形或倒卵形，长2.5~6cm，正面疏被伏柔毛，背面密被灰白色绒毛，有不整齐粗锯齿或缺刻状粗重锯齿，常具浅裂片；叶柄长2.5~5cm，被柔毛和稀疏小皮刺；托叶线形，被柔毛。伞房花序顶生或腋生，具花数朵，被柔毛和细刺；花梗被柔毛和稀疏小皮刺；苞片线形，被柔毛；花直径约1cm；花萼密被柔毛和疏密不等的针刺，萼片卵状披针形或披针形，有时条裂，花果期均直立开展；花瓣卵圆形或长圆形，粉红色或紫红色，花丝白色；子房被柔毛。果实卵圆形，直径1~1.5cm，成熟时红色，无毛或具稀疏柔毛；核有浅皱纹。花期5~6月，果期7~8月。

【分布与习性】分布在西吉县土石山区。生于山坡杂木林下。喜温暖气候，耐热，耐寒，对土壤要求不严。扦插、分株繁殖。

【用途】果实酸甜多汁，可供食用、酿酒及制醋等。

附：西吉县土石山区还分布有茅莓变种腺花茅莓 *Rubus parvifolius* var. *adenochlamys*，其花萼或花梗具带红色腺毛。

茅莓

腺花茅莓

菰帽悬钩子 | *Rubus pileatus*

科属：蔷薇科 Rosaceae　　悬钩子属 *Rubus*

【形态特征】攀缘灌木，高1～3 m。小枝紫红色，无毛，被白粉，疏生皮刺。小叶5～7，卵形、长圆状卵形或椭圆形，长2.5～6（8）cm，两面沿叶脉有柔毛，顶生小叶稍有浅裂片，具粗重锯齿；叶柄长3～10 cm，与叶轴均疏被柔毛和小皮刺；托叶线形或线状披针形。伞房花序顶生，具花3～5朵，稀单花腋生。花梗长2～3.5 cm，无毛，疏生细小皮刺或无刺；苞片线形，无毛；花直径1～2 cm；花萼无毛，紫红色，萼片卵状披针形，先端长尾尖，边缘具绒毛，果期反折；花瓣倒卵形，白色，基部疏生柔毛；雄蕊长5～7 mm；花柱下部和子房密被灰白色长绒毛。果实卵圆形，直径0.8～1.2 cm，成熟时红色，具宿存花柱，密被灰白色绒毛；核具皱纹。花期6～7月，果期8～9月。

【分布与习性】主要分布在西吉县大寨山林场和扫竹岭林场。生于沟谷边、路旁疏林下或山谷阴处密林下。喜阴，适生于腐殖质较为深厚的酸性土壤。压条、扦插繁殖。

【用途】水土保持树种。果实可食用。

针刺悬钩子 | *Rubus pungens*

科属：蔷薇科 Rosaceae　悬钩子属 *Rubus*　别名：倒毒散、倒扎龙

【形态特征】匍匐灌木，高可达3m。幼枝被柔毛，常具较密的直立皮刺。小叶5（3）~7（9），卵形、三角状卵形或卵状披针形，长2~5cm，先端尖或渐尖，基部圆形或近心形，正面疏生柔毛，背面有柔毛或脉上有柔毛，具尖锐重锯齿或缺刻状重锯齿，顶生小叶常羽状分裂；叶柄长3（2）~6cm，顶生小叶柄长0.5~1cm，与叶轴均有柔毛或近无毛，并有稀疏小刺和腺毛，托叶有柔毛。花单生，或2~4朵组成伞房花序；花梗长2~3cm，有柔毛和小针刺，或有疏腺毛；花直径1~2cm；花萼具柔毛和腺毛，密被直立针刺，萼筒半球形，萼片披针形或三角状披针形，花果期均直立，稀反折；花瓣长圆形、倒卵形或近圆形，白色；雄蕊长短不等；雌蕊多数。果实近球形，成熟时红色，直径1~1.5cm，具柔毛或近无毛；核卵球形，长2~3mm。花期4~5月，果期7~8月。

【分布与习性】分布在西吉县土石山区。生于山坡林下、林缘或河边。喜阴湿，适生于腐殖质深厚的酸性土壤。播种、扦插、分株繁殖。

【用途】根供药用。

华北珍珠梅 | *Sorbaria kirilowii*

科属:蔷薇科 Rosaceae　珍珠梅属 *Sorbaria*　别名:珍珠梅

【形态特征】灌木,高可达3 m。小枝无毛。冬芽近无毛。羽状复叶,具小叶13~21,连叶柄长21~25 cm;小叶披针形至长圆状披针形,长4~7 cm,先端渐尖,稀尾尖,边缘具尖锐重锯齿,两面无毛或背面脉腋具短柔毛,侧脉15~23对,近平行;小叶柄短或近无柄,无毛;托叶线状披针形,无毛。圆锥花序密集,直径7~11 cm,无毛,微被白粉;花梗长3~4 mm;苞片线状披针形,全缘;花直径5~7 mm;花托钟状,无毛,萼片长圆形,无毛;花瓣白色,倒卵形或宽卵形,长4~5 mm;雄蕊20,与花瓣等长或稍短;花盘圆盘状;心皮5,花柱稍短于雄蕊。蓇葖果长圆柱形,无毛,长约3 mm,花柱稍侧生,宿存萼片反折,稀开展;果柄直立。花期6~7月,果期9~10月。

【分布与习性】西吉县各乡镇均有栽培。喜温暖、湿润气候,喜光,稍耐阴,耐寒性强,对土壤要求不严。分蘖、扦插、播种繁殖。

【用途】观赏树种。

北欧花楸 | *Sorbus aucuparia*

科属：蔷薇科 Rosaceae　花楸属 *Sorbus*

【形态特征】落叶灌木或小乔木，高6~18m，树干端直，树形优美，幼树树冠椭圆形，成熟时树冠球形。嫩枝被柔毛。奇数羽状复叶，具小叶11~17，叶缘有锯齿，叶背、叶柄被柔毛。伞房花序，花序较大，圆形。果实橘红色。花期5月。

【分布与习性】西吉县平峰镇有栽培。喜湿润的酸性或微酸性土壤，较耐阴，耐寒。播种繁殖。

【用途】优良的观叶、观花、观果型园林树种。

北京花楸 | *Sorbus discolor*

科属：蔷薇科 Rosaceae　花楸属 *Sorbus*　别名：红叶花楸、白果花楸

【形态特征】乔木，高可达10 m。小枝圆柱形，二年生枝紫褐色，具稀疏皮孔，嫩枝无毛。奇数羽状复叶，连叶柄长10～20 cm，叶柄长约3 cm，有时达6 cm；小叶5～7对，间隔1.2～3 cm，基部一对小叶常稍小，长圆形、长圆状椭圆形至长圆状披针形，长3～6 cm，宽1～1.8 cm，先端急尖或短渐尖，基部通常圆形，边缘有细锐锯齿（每侧锯齿12～18），基部或1/3以下部分全缘，上下两面均无毛，下面色浅，具白霜，侧脉12～20对，在叶缘弯曲。复伞房花序较疏松，总花梗和花梗均无毛；花梗长2～3 mm；萼筒钟状，内外两面均无毛；萼片三角形，先端稍钝或急尖，内外两面无毛；花瓣卵形或长圆状卵形，长3～5 mm，宽2.5～3.5 mm，先端圆钝，白色，无毛；雄蕊15～20，长为花瓣之半；花柱3～4，几与雄蕊等长，基部有稀疏柔毛。果实卵形，直径6～8 mm，白色或黄色，先端具宿存闭合萼片。花期5月，果期8～9月。

【分布与习性】西吉县火石寨乡有栽培。喜光，稍耐阴，耐寒性强，适应性强，根系发达，对土壤要求不严，以湿润、肥沃的砂质壤土为好。播种繁殖。

【用途】优良的观叶、观花、观果型树种。

陕甘花楸 | *Sorbus koehneana*

科属：蔷薇科 Rosaceae　花楸属 *Sorbus*　别名：昆氏花楸

【形态特征】灌木或小乔木。小枝无毛。冬芽无毛或顶端有褐色柔毛。奇数羽状复叶，连叶柄长10~16 cm，叶柄长1~2.5 cm；小叶8~12对，间隔0.7~1.2 cm，长圆形或长圆状披针形，长1.5~3 cm，先端钝圆或急尖，基部偏斜圆，每侧有尖锐锯齿10~14，正面无毛，背面中脉有疏柔毛或近无毛，无乳头状突起；叶轴两面微具窄翅，有疏柔毛或近无毛；托叶草质，披针形，有锯齿，早落。复伞房花序，有白色疏柔毛；花梗长1~2 mm；花萼无毛，萼片三角形，先端钝圆；花瓣宽卵形，长4~6 mm，白色，内面微具柔毛或近无毛；雄蕊20，长约为花瓣1/3；花柱5，几与雄蕊等长，基部微具柔毛或无毛。果实球形，直径6~8 mm，白色，具宿存萼片。花期5~6月，果期8~9月。

【分布与习性】分布在西吉县扫竹岭林场。生于山区杂木林。喜湿润、肥沃土壤。以播种繁殖为主。

【用途】观赏树种。

耧斗菜叶绣线菊 | *Spiraea aquilegiifolia*

科属：蔷薇科 Rosaceae 绣线菊属 *Spiraea*

【形态特征】灌木，高1m左右。小枝棕色或者灰棕色，最初圆柱形，密被短柔毛，后近无毛；小芽卵形，具数枚带褐色鳞片，无毛。可育枝叶柄长1~2mm，稍具短柔毛，叶不等长，花枝上的叶通常为倒卵形或狭倒三角形，长5~12mm，宽3~8mm，基部楔形，边缘全缘或钝3浅裂；不育枝上的叶通常为扇形，长8~15mm，宽6~15mm，先端3~5浅圆裂，基部楔形，正面绿色，无毛或疏生短柔毛，背面灰绿色，密被短柔毛，叶柄长2~5mm，密被短柔毛，萼裂片三角形，先端急尖，外面无毛，里面被短柔毛。花瓣近圆形，长约2mm，先端圆钝，白色；雄蕊20，与花瓣等长；子房被短柔毛，花柱短于雄蕊。蓇葖果开展，上部及腹缝线被柔毛，宿存萼片直立或反折。花期5~6月，果期7~8月。

【分布与习性】主要分布在西吉县白崖乡、马建林场。生于石砾向阳坡地或灌丛中。耐寒，耐旱，耐瘠薄。播种、扦插、分根繁殖。

【用途】庭园观赏及水土保持树种。又为鞣料植物，根、茎含单宁。

金山绣线菊 | *Spiraea × bumalda* 'Goalden Mound'

科属： 蔷薇科 Rosaceae　绣线菊属 *Spiraea*

【形态特征】落叶小灌木，植株较矮小，高仅25～35 cm。枝叶紧密，树冠球形，整齐。冬芽小，有鳞片。单叶互生，羽状脉；具短叶柄，无托叶；新生小叶金黄色，夏叶浅绿色，秋叶金黄色；叶缘具尖锐重锯齿。花两性，伞房花序，花序直径4～8 cm；萼筒钟状，萼片5；花瓣5，浅粉红色，圆形，较萼片长；雄蕊长于花瓣，着生在花盘与萼片之间；心皮5，离生。蓇葖果5，沿腹缝线开裂，内具数粒细小种子；种子长圆形，种皮膜质。花期6月中旬至8月上旬。

【分布与习性】西吉县扫竹岭林场、吉强镇有栽培。适应性强，喜光，不耐阴。分株或扦插繁殖。

【用途】适合用作观花、观叶地被，可以丛植、孤植、群植形成色块，或列植作为绿篱。

疏毛绣线菊 | *Spiraea hirsuta*

科属：蔷薇科 Rosaceae　绣线菊属 *Spiraea*

【形态特征】灌木，高可达1.5 m。幼枝具柔毛。冬芽有数枚褐色鳞片。叶倒卵形、椭圆形，稀卵圆形，长1.5~3.5 cm，先端钝圆，中部以上或先端有钝或稍锐锯齿，背面疏被柔毛；叶柄长约5 mm，具柔毛。伞形花序，直径4~5 cm，被柔毛，具20朵以上花；花梗密集，长1.2~2.2 cm；苞片线形；花直径6~8 mm；花萼被柔毛，萼片三角形或卵状三角形；花瓣宽倒卵形，稀近圆形，长2.5~3 mm，白色；雄蕊18~20，短于花瓣；花盘具10裂片，裂片肥厚，顶端微凹；花柱短于雄蕊。蓇葖果稍开张，疏被柔毛，宿存花柱顶生于背部，宿存萼片直立。花期5月，果期7~8月。

【分布与习性】主要分布在西吉县土石山区。生于山坡上。适应性强，耐寒，耐旱，耐瘠薄。播种、扦插、分根繁殖。

【用途】园林绿化、美化树种。

蒙古绣线菊 | *Spiraea mongolica*

科属：蔷薇科 Rosaceae　绣线菊属 *Spiraea*

【形态特征】灌木。小枝幼时无毛。冬芽有2枚棕褐色鳞片，无毛。叶长圆形或椭圆形，长0.8~2 cm，全缘，稀先端有少数锯齿，两面无毛，羽状脉；叶柄长1~2 mm，无毛。伞形总状花序具花序梗，有花8~15朵，无毛；花梗长0.5~1 cm；苞片线形，无毛；花直径5~7 mm；花萼外面无毛，萼片三角形；花瓣近圆形，先端钝，稀微凹，长与宽均2~4 mm，白色；雄蕊18~25，几与花瓣等长；花盘具10圆形裂片；子房被短柔毛，花柱短于雄蕊。蓇葖果直立开张，沿腹缝线稍有短柔毛或无毛，宿存花柱位于背部先端，宿存萼片直立或反折。花期5~7月，果期7~9月。

【分布与习性】主要分布在西吉县土石山区。生于山坡灌丛中或山顶及山谷石砾地。耐旱性强，喜光，耐瘠薄，根系发达。播种、扦插、分根繁殖。

【用途】荒山绿化及水土保持树种。

土庄绣线菊 | *Spiraea pubescens*

科属：蔷薇科 Rosaceae　　绣线菊属 *Spiraea*　　**别名：**柔毛绣线菊

【形态特征】灌木，高可达2m。小枝稍弯曲，幼时被短柔毛，老时无毛。冬芽具短柔毛，外被数枚鳞片。叶菱状卵形或椭圆形，长2~4.5cm，先端急尖，基部宽楔形，中部以上有粗齿或缺刻状锯齿，有时3裂，两面被短柔毛；叶柄长2~4mm，被短柔毛。伞形花序具花序梗，有花15~20朵；花梗长0.7~1.2cm，无毛；苞片线形，被柔毛；花直径5~7mm；花萼外面无毛，萼片卵状三角形；花瓣卵形、宽倒卵形或近圆形，长与宽均2~3.5mm，白色；雄蕊25~30，约与花瓣等长；花盘环形，具10裂片，裂片先端稍凹陷；子房无毛或腹部及基部有短柔毛，花柱短于雄蕊。蓇葖果开张，沿腹缝线微被短柔毛，宿存花柱顶生，宿存萼片直立。花期5~6月，果期7~8月。

【分布与习性】主要分布在西吉县土石山区。生于干燥岩石坡地、向阳或半阴处、杂木林内。喜光，耐寒，对土壤要求不严，生长快，分枝力强。播种、扦插、分根繁殖。

【用途】园林绿化、美化树种。

南川绣线菊 | *Spiraea rosthornii*

科属：蔷薇科 Rosaceae　　绣线菊属 *Spiraea*　　**别名**：罗氏绣线菊

【形态特征】灌木，高可达2m。枝条开张，幼时具短柔毛，后脱落。冬芽无毛，有2枚外露鳞片。叶卵状长圆形或卵状披针形，长2.5～5（8）cm，先端尖或短渐尖，基部圆形或近平截，具缺刻和重锯齿，两面被柔毛；叶柄长5～6mm，被柔毛。复伞房花序生于侧枝顶端，被短柔毛；花梗长5～7mm；苞片卵状披针形或线状披针形，有少数锯齿，两面被柔毛；花直径约6mm；萼筒钟状，有柔毛，萼片三角形；花瓣卵形或近圆形，长2～3mm，白色；雄蕊20，长于花瓣；花盘环形，具10肥厚裂片；花柱短于雄蕊。蓇葖果开张，被柔毛，宿存花柱顶生，宿存萼片反折。花期5～6月，果期8～9月。

【分布与习性】西吉县扫竹岭林场有分布。生长在山沟溪边或山坡杂木林内。耐寒，耐旱，耐瘠薄，生长力强。播种、扦插、分根繁殖。

【用途】荒山绿化及水土保持树种。

沙 枣 | *Elaeagnus angustifolia*

科属：胡颓子科 Elaeagnaceae   胡颓子属 *Elaeagnus*   别名：桂香柳

【形态特征】落叶乔木，高可达10m。无刺或具刺，刺长3~4cm，棕红色。叶薄纸质，披针形，长3~7cm，宽1~1.3cm，先端钝尖，基部宽楔形，正面幼时被银白色鳞片，背面密被银白色鳞片，侧脉不明显；叶柄长0.5~1cm，银白色。花银白色，直立或近直立，芳香，1~3朵生于小枝下部叶腋；花梗长2~3mm；萼筒钟形，长4~5mm，在裂片之下不缢缩或微缢缩，在子房之上缢缩，裂片宽卵形或卵状长圆形，长3~4mm，内面被白色星状毛；花柱无毛，上部弯曲；花盘圆锥形，无毛，包花柱基部。果实椭圆形，长0.9~1.2cm，直径0.6~1cm，粉红色，密被银白色鳞片；果肉乳白色，粉质；果柄长3~6mm。花期5~6月，果期9月。

【分布与习性】栽培于西吉县永清湖公园、田坪林场。适应性强，山地、平原、沙滩、荒漠均能生长，对土壤、气温、湿度要求不严。播种繁殖。

【用途】主要的防风固沙、水土保持及农田防护林造林树种。

牛奶子 | *Elaeagnus umbellata*

科属：胡颓子科 Elaeagnaceae　　胡颓子属 *Elaeagnus*　　别名：甜枣

【形态特征】 落叶直立灌木，高1～4m，具长1～4cm的刺。小枝开展，多分枝，幼枝密被银白色和少数黄褐色鳞片，有时全被深褐色或锈色鳞片，老枝鳞片脱落，灰黑色；芽银白色或褐色至锈色。叶纸质或膜质，椭圆形至卵状椭圆形或倒卵状披针形，长3～8cm，宽1～3.2cm，顶端钝或渐尖，基部圆形至楔形，边缘全缘或皱卷至波状，正面幼时具白色星状短柔毛或鳞片，成熟后全部或部分脱落。花先叶开放，黄白色，芳香，密被银白色盾形鳞片，常1～7朵簇生于新枝基部，单生或成对生于幼叶叶腋。果实近球形或卵圆形，长5～7mm，幼时绿色，被银白色或有时全被褐色鳞片，成熟时红色；果梗直立，粗壮，长4～10mm。花期4～5月，果期7～8月。

【分布与习性】 集中分布于西吉县火石寨乡。生于向阳山坡林缘、灌丛中。喜光，较耐阴，耐寒性强。播种繁殖。

【用途】 水土保持和观赏树种。果实可生食，亦可制果酒、果酱等。

沙 棘 | *Hippophae rhamnoides*

科属： 胡颓子科 Elaeagnaceae　沙棘属 *Hippophae*　**别名：** 黑刺、酸刺、酸溜溜

【形态特征】落叶灌木或乔木，高1~5m，棘刺较多，粗壮，顶生或侧生。幼枝褐绿色，密被银白色而带褐色鳞片或有时具白色星状柔毛，老枝灰黑色，粗糙。芽大，金黄色或锈色。单叶通常近对生，纸质，狭披针形或矩圆状披针形，长3~8cm，宽4~10（13）mm，两端钝或基部近圆形，基部最宽，正面绿色，初被白色盾形毛或星状柔毛，背面银白色或淡白色，被鳞片，无星状毛；叶柄极短，几无或长1~1.5mm。果实圆球形，直径4~6mm，橙黄色或橘红色；果梗长1~2.5mm；种子小，阔椭圆形至卵形，有时稍扁，长3~4.2mm，黑色或紫黑色，有光泽。花期4~5月，果期9~10月。

【分布与习性】西吉县各乡镇均有分布。常生于山脊、山谷、干涸河床或山坡。喜光，耐旱，耐寒。播种繁殖。

【用途】优良的水土保持、防风固沙、造林树种。果实营养丰富，可制饮料。

鼠 李 | *Rhamnus davurica*

科属：鼠李科 Rhamnaceae　　鼠李属 *Rhamnus*　　**别名**：大绿、臭李子

【形态特征】灌木或小乔木，高可达10 m。具顶芽，顶芽及腋芽长5~8 mm，鳞片有白色缘毛。叶纸质，对生或近对生，宽椭圆形、卵圆形或倒卵状椭圆形，长4~13 cm，先端突尖、短渐尖或渐尖，基部楔形或近圆形，具细圆齿，齿端常有红色腺体，侧脉4~5（6）对，两面凸起，网脉明显；叶柄长1.5~4 cm。花单性，雌雄异株，4基数，有花瓣；雌花1~3朵腋生或数朵至20多朵簇生于短枝上；花梗长7~8 mm。核果球形，黑色，直径5~6 mm，具2分核，萼筒宿存；果柄长1~1.2 cm；种子背侧有与种子等长的窄纵沟。花期5~6月，果期7~10月。

【分布与习性】分布在西吉县白崖乡、沙沟乡、火石寨乡等地。生于山坡林下、灌丛中或林缘。喜光，耐寒，耐旱。播种繁殖。

【用途】园林绿化及观赏树种。

柳叶鼠李 | *Rhamnus erythroxylum*

科属： 鼠李科 Rhamnaceae　鼠李属 *Rhamnus*　**别名：** 红木鼠李、黑疙瘩、黑格铃

【形态特征】灌木，稀乔木，高3~5m。幼枝红褐色或红紫色，无毛，小枝互生，顶端具针刺。叶纸质，互生或在短枝上簇生，线形或线状披针形，边缘有疏细锯齿。花单性，雌雄异株，黄绿色，4基数，有花瓣；花梗长约5mm，无毛；雄花簇生于短枝端，宽钟状；萼片三角形，与萼筒等长；雌花萼片狭披针形，长约为萼筒的2倍；子房2~3室，每室1胚珠。核果球形，成熟时黑色；种子倒卵圆形，淡褐色。花期5月，果期6~7月。

【分布与习性】分布于西吉县白崖乡。生于干旱荒坡或山坡灌丛中。耐旱。播种繁殖。

【用途】水土保持树种。

圆叶鼠李 | *Rhamnus globosa*

科属：鼠李科 Rhamnaceae　　鼠李属 *Rhamnus*　　别名：黑旦子、冻绿树、冻绿

【形态特征】灌木，稀小乔木。小枝对生或近对生，顶端具刺，小枝被柔毛。叶纸质或薄纸质，对生或近对生，稀兼互生，倒卵状圆形、卵圆形或近圆形，长2~6cm，宽1.2~4cm，先端突尖或短渐尖，稀圆钝，具圆齿，正面初密被柔毛，后脱落，背面沿脉被柔毛，侧脉3~4对；叶柄长0.6~1cm，密被柔毛；托叶线状披针形，宿存，有微毛。花单性，雌雄异株，4基数，常数朵至20朵簇生于短枝或长枝下部叶腋，有花瓣；花萼和花梗均有疏柔毛，花柱2~3裂；花梗长4~8mm。核果球形或倒卵状球形，长4~6mm，萼筒宿存，成熟时黑色；果柄长5~8mm，有疏柔毛；种子背面或背侧有长为种子3/5之纵沟。花期4~5月，果期6~10月。

【分布与习性】零星分布于西吉县扫竹岭林场。生于山坡、林下或灌丛中。耐阴，耐旱。播种繁殖。

【用途】果实入药。

黑桦树 | *Rhamnus maximovicziana*

科属： 鼠李科 Rhamnaceae　　鼠李属 *Rhamnus*　　**别名：** 钝叶鼠李

【形态特征】多分枝灌木。小枝对生或近对生，枝端及分叉处常具刺，被微毛或无毛。叶近革质，在长枝上对生或近对生，在短枝上端簇生，椭圆形、卵状椭圆形或宽卵形，稀匙形，长1~3.5cm，宽0.6~1.2cm，先端圆钝，稀微凹，近全缘或具不明显细齿，两面无毛，侧脉2~3（4）对，叶柄长0.5~2cm，无毛或近无毛；托叶窄披针形。花单性，雌雄异株，4基数，常数朵至10多朵簇生于短枝端；花梗长4~5mm。核果倒卵状球形或近球形，长4mm，直径4~6mm，萼筒宿存，红色，成熟时黑色，果柄长4~6mm，无毛；种子背面具长为种子1/2~3/5的倒心形宽沟。花期5~6月，果期6~9月。

【分布与习性】分布在西吉县火石寨自然保护区。生于海拔 1500~2000 m 的干旱山沟或干旱山坡。喜光，喜肥沃、疏松土壤，比较喜肥。播种、扦插繁殖。

【用途】园林绿化树种，亦是制作盆景的佳木。

小叶鼠李 | *Rhamnus parvifolia*

科属：鼠李科 Rhamnaceae　　鼠李属 *Rhamnus*　　别名：大绿、麻绿

【形态特征】灌木。小枝对生或近对生，初被柔毛，后无毛，枝端及分叉处有刺。芽具鳞片。叶纸质，对生或近对生，稀兼互生，或在短枝上簇生，菱状倒卵形或菱状椭圆形，稀倒卵状圆形或近圆形，长1.2~4cm，先端钝尖或近圆形，稀突尖，具细圆齿，正面无毛或疏被柔毛，背面干后灰白色，无毛或脉腋窝孔内有疏微毛，侧脉2~4对，两面凸起；叶柄长0.4~1.5cm，上面沟内有细柔毛；托叶钻状，有微毛。花单性，雌雄异株，黄绿色，4基数，有花瓣，常数朵簇生于短枝上；花梗长4~6mm，无毛；雌花花柱2裂。核果倒卵状球形，直径4~5mm，成熟时黑色，具2分核，萼筒宿存；种子长圆状倒卵圆形，褐色，背侧有长为种子4/5之纵沟。花期4~5月，果期6~9月。

【分布与习性】主要分布在西吉县大寨山林场、扫竹岭林场。生于向阳山坡、草丛或灌丛中。喜光，耐旱，耐瘠薄。播种繁殖。

【用途】果实入药。

高山冻绿 | *Rhamnus utilis* var. *szechuanensis*

科属：鼠李科 Rhamnaceae　鼠李属 *Rhamnus*

【形态特征】灌木或小乔木，高可达4 m。幼枝无毛，小枝褐色或紫红色，稍平滑，对生或近对生，枝端常具针刺。腋芽小，长2~3 mm，有数枚鳞片，鳞片边缘有白色缘毛。叶纸质，对生或近对生，或在短枝上簇生，椭圆形、矩圆形或倒卵状椭圆形，长4~15 cm，宽2~6.5 cm，顶端突尖或锐尖，基部不等侧，楔形或稀圆形，边缘具明显的深锯齿或重锯齿，正面常被白色糙伏毛，背面沿脉被柔毛，侧脉每边通常5~6条，两面均凸起，具明显的网脉；叶柄长0.5~1.5 cm，上面具小沟，有疏微毛或无毛；托叶披针形，常具疏毛，宿存。花单性，雌雄异株，4基数，具花瓣；花梗长5~7 mm，无毛；雄花数朵簇生于叶腋，或10~30朵聚生于小枝下部，有退化的雌蕊；雌花2~6朵簇生于叶腋或小枝下部；退化雄蕊小，花柱较长，2浅裂或半裂。核果圆球形或近球形，成熟时黑色，具2分核，基部有宿存的萼筒；果梗长5~12 mm，无毛；种子背侧基部有短沟。花期4~6月，果期5~8月。

【分布与习性】分布于西吉县火石寨乡。生于山谷林中。耐寒，耐旱。播种繁殖。

【用途】水土保持树种。

枣 | *Ziziphus jujuba*

科属：鼠李科 Rhamnaceae　　枣属 *Ziziphus*　　**别名**：枣子、枣树

【形态特征】落叶小乔木，稀灌木，高10 m左右；树皮褐色或灰褐色。有长枝，短枝和无芽小枝（即新枝）比长枝光滑，紫红色或灰褐色，呈"之"字形弯曲，具2托叶刺，长刺可达3 cm，粗直，短刺下弯，长4~6 mm。叶纸质，卵形、卵状椭圆形或卵状矩圆形，长3~7 cm，宽1.5~4 cm。花黄绿色，两性，5基数，单生或2~8朵组成腋生聚伞花序；花盘厚，肉质，圆形，5裂；子房下部藏于花盘内，与花盘合生，2室，每室有1胚珠，花柱2半裂。核果矩圆形或长卵圆形，长2~3.5 cm，直径1.5~2 cm，成熟时红色，后变红紫色，中果皮肉质，厚，味甜，核顶端锐尖，基部锐尖或钝，2室，具1~2粒种子，果梗长2~5 mm；种子扁椭圆形，长约1 cm，宽8 mm。花期5~7月，果期8~9月。

【分布与习性】零星分布于西吉县各乡镇。喜光，适应性强，耐瘠薄，耐盐碱。分株和嫁接繁殖。

【用途】干旱山区主要水土保持和经济林树种。枣仁可入药。枣树花期较长，芳香多蜜，为良好的蜜源植物。

刺 榆 | *Hemiptelea davidii*

科属： 榆科 Ulmaceae　刺榆属 *Hemiptelea*

【形态特征】小乔木，高可达10 m，或呈灌木状；树皮深灰色或褐灰色，不规则条状深裂。小枝灰褐色或紫褐色，被灰白色短柔毛，具粗而硬的棘刺，刺长2~10 cm。冬芽常3个聚生于叶腋，卵圆形。叶椭圆形或椭圆状矩圆形，稀倒卵状椭圆形，长4~7 cm，宽1.5~3 cm，先端急尖或钝圆，基部浅心形或圆形，边缘有整齐的粗锯齿，正面绿色，幼时被毛，后脱落，残留有稍隆起的圆点，背面淡绿色，光滑无毛，或脉上有稀疏柔毛；侧脉8~12对，排列整齐，斜伸至齿尖；叶柄长3~5 mm，被短柔毛；托叶矩圆形、长矩圆形或披针形，长3~4 mm，淡绿色，边缘具睫毛。小坚果黄绿色，斜卵圆形，两侧扁，长5~7 mm，在背侧具窄翅，形似鸡头，翅端渐狭呈喙状，果梗纤细，长2~4 mm。花期4~5月，果期9~10月。

【分布与习性】西吉县火石寨乡有栽培。耐旱，对土壤要求不严。播种繁殖。

【用途】水土保持树种。木材可制农具及器具。

大叶垂榆 | *Ulmus americana* 'Pendula'

科属：榆科 Ulmaceae　榆属 *Ulmus*

【形态特征】落叶乔木，在原产地高可达40m；树皮灰色，不规则纵裂。小枝幼时有细毛或几无毛，后无毛。冬芽卵圆形。叶卵形或卵状椭圆形，长4~15（常7~12）cm，中部或中下部较宽，先端渐尖，基部极偏斜，一边楔形，一边半圆形至半心形，边缘具重锯齿，侧脉每边12~22条，正面除主脉凹陷处有疏毛外，余无毛，背面有毛或近无毛，脉腋常有簇生毛；叶柄长5~9mm，上面有毛。花自花芽抽出，常10多朵排成短聚伞花序；花梗细，不等长，长4~10mm，无毛；花被漏斗状，上部7~9浅裂，外面无毛，裂片先端有毛。翅果椭圆形或宽椭圆形，长13~16mm，两面无毛而边缘具睫毛，顶端缺口不封闭或微封闭，缺口内缘柱头面有毛；果核位于翅果近中部，上端接近或不接近缺口；果梗长5~15mm。花果期3~4月。

【分布与习性】西吉县平峰镇、兴平乡有栽培。耐旱，耐寒。播种繁殖。

【用途】园林绿化树种。

黑榆 | *Ulmus davidiana*

科属： 榆科 Ulmaceae　榆属 *Ulmus*

【形态特征】落叶乔木或灌木状，高可达15 m。幼枝被柔毛，萌芽枝及幼树小枝具膨大而不规则纵裂木栓层。冬芽芽鳞下部被毛。叶倒卵形或倒卵状椭圆形，稀卵形或椭圆形，长4~9（12）cm，先端尾尖或渐尖，基部一侧楔形或圆形，一侧近圆形或耳状，正面幼时疏被硬毛，后脱落，常具圆形毛迹，背面幼时密被毛，后无毛，脉腋常具簇生毛，具重锯齿；侧脉12~22对；叶柄长0.5~1（1.7）cm。花在二年生枝上排成簇状聚伞花序。翅果近倒卵形，长1~1.9 cm，果翅无毛，稀疏被毛；果核密被毛，稀疏被毛，位于翅果中上部或上部；宿存花被无毛，裂片4；果柄被毛，长约2 mm。花果期4~5月。

【分布与习性】西吉县火石寨乡、大寨山林场、白崖乡等地有分布。生于沟谷、山坡。喜光，耐旱，耐瘠薄，对土壤要求不严。播种繁殖。

【用途】造林树种。木材可做家具，枝条可编筐。

春榆 | *Ulmus davidiana* var. *japonica*

科属：榆科 Ulmaceae　榆属 *Ulmus*　别名：红榆、山榆

【形态特征】落叶乔木或灌木状，高可达15 m，胸径30 cm；树皮色较深，不规则条状纵裂。幼枝被或密或疏的柔毛，当年生枝无毛或多少被毛。叶倒卵形或倒卵状椭圆形，稀卵形或椭圆形。花在二年生枝上排成簇状聚伞花序。翅果倒卵形或近倒卵形，长10~19 mm，宽7~14 mm；果核无毛，位于翅果中上部或上部，上端接近缺口；宿存花被无毛，裂片4；果梗被毛，长约2 mm。花果期4~5月。

【分布与习性】西吉县火石寨乡、大寨山林场、白崖乡等地有分布。生于河岸、溪旁、沟谷。喜光，对气候适应性较强，耐旱，耐瘠薄。播种繁殖。

【用途】造林树种。

圆冠榆 | *Ulmus densa*

科属：榆科 Ulmaceae　榆属 *Ulmus*

【形态特征】落叶乔木，枝条直伸至斜展，树冠密，近圆形。幼枝多少被毛，当年生枝无毛，淡黄褐色或红褐色，二或三年生枝常被蜡粉。冬芽卵圆形，芽鳞背面多少被毛，尤以内部芽鳞显著。叶卵形，长4~9 cm，宽2.5~5 cm，先端渐尖，基部多少偏斜，一边楔形，一边耳状，正面幼时有硬毛，后有凸起或平的毛迹，多少粗糙或平滑，背面幼时密被毛，后疏被毛或近无毛，脉腋有簇生毛，边缘具钝重锯齿或兼有单锯齿，侧脉每边11~19条；叶柄长5~11 mm，上面被毛。花在二年生枝上排成簇状聚伞花序。翅果长圆状倒卵形、长圆形或长圆状椭圆形，长10~16 mm，宽8~14 mm，除顶端缺口柱头面被毛外，余无毛；果核位于翅果中上部，上端接近缺口；宿存花被无毛，4浅裂；果梗较花被短，长约1 mm，无毛。花果期4~5月。

【分布与习性】西吉县吉强镇有栽培。耐旱，耐寒。嫁接繁殖。

【用途】园林绿化树种。

旱　榆 | *Ulmus glaucescens*

科属：榆科 Ulmaceae　　榆属 *Ulmus*　　别名：灰榆

【形态特征】落叶乔木或灌木状，高可达18 m。幼枝被毛，小枝无木栓翅及木栓层。冬芽内层芽鳞被毛，边缘密生锈黑色或锈褐色长柔毛。叶卵形、菱状卵形、椭圆形、长卵形或椭圆状披针形，长2.5～5 cm，先端渐尖或尾尖，基部楔形或圆形，两面无毛，稀背面被极短毛，具钝而整齐单锯齿；侧脉6～12（14）对；叶柄长5～8 mm。花自混合芽抽出，散生于新枝基部或近基部，或自花芽抽出，3～5朵簇生于二年生枝上。翅果长2～2.5 cm，仅顶端缺口柱头面被毛，余无毛，果翅两侧之翅宽，位于翅果中上部；宿存花被钟形，无毛，4浅裂，裂片具缘毛；果柄长2～4 mm，密被短毛。花果期3～5月。

【分布与习性】分布于西吉县月亮山。生于干旱山坡、沟底或石崖上。耐旱，耐寒。播种繁殖。

【用途】西北地区荒山造林及防护林树种。

榆 树 | *Ulmus pumila*

科属：榆科 Ulmaceae　榆属 *Ulmus*　**别名**：白榆、家榆、榆、琅琊榆

【形态特征】落叶乔木，高可达25 m，胸径1 m。小枝无木栓翅。冬芽内层芽鳞边缘具白色长柔毛。叶椭圆状卵形、长卵形、椭圆状披针形或卵状披针形，长2～8 cm，先端渐尖或长渐尖，基部一侧楔形或圆形，一侧圆形或半心形，正面无毛，背面幼时被短柔毛，后无毛或部分脉腋具簇生毛，具重锯齿或单锯齿；侧脉9～16对；叶柄长0.4～1 cm。花在二年生枝叶腋呈簇生状。翅果近圆形，稀倒卵状圆形，长1.2～2 cm，仅顶端缺口柱头面被毛，余无毛；果核位于翅果中部，其色与果翅相同；宿存花被无毛，4浅裂，具缘毛；果柄长1～2 mm。花果期3～6月。

【分布与习性】分布于西吉县各乡镇。生于山坡、山谷、川地、丘陵等处。喜光，深根性，对气候、土壤的适应性较强。扦插或播种繁殖。

【用途】优良的防风固沙和绿化树种。木材供制家具、建筑等用。

附：西吉县还栽培有以下榆树品种。

垂枝榆 *Ulmus pumila* 'Tenue'：与榆树的主要区别在于小枝卷曲或扭曲而下垂，西吉县吉强镇、兴隆镇等地公园、公路两边有栽培。

垂枝金叶榆 *Ulmus pumila* 'Chuizhi Jinye'：西吉县吉强镇、兴隆镇等地公园、公路两边有栽培。

中华金叶榆 *Ulmus pumila* 'Jinye'：西吉县大部分乡镇的公园、公路两边有栽培。

榆树

垂枝金叶榆

垂枝榆

中华金叶榆

裂叶榆 | *Ulmus laciniata*

科属：榆科 Ulmaceae　榆属 *Ulmus*

【形态特征】落叶乔木，高可达27 m。幼枝被毛，后近无毛。叶倒卵形、倒三角形、倒三角状椭圆形或倒卵状长圆形，长7~18 cm，宽4~14 cm，先端常3~7裂，裂片三角形，渐尖或尾尖，不裂之叶先端常尾尖，基部偏斜，楔形、微圆形、半心形或耳状，重锯齿较深，正面密被硬毛，背面被柔毛，沿叶脉较密，脉腋常具簇生毛；侧脉10~17对；叶柄长2~5 mm，密被短毛。簇状聚伞花序。翅果椭圆形或长圆状椭圆形，长1.5~2 cm，顶端缺柱头面被毛，余无毛；果核位于翅果中部或稍下；果柄常较花被短，无毛。花果期4~5月。

【分布与习性】西吉县火石寨乡有栽培。耐寒，耐旱，适应性强。播种繁殖。

【用途】水土保持、园林绿化树种。木材可作为家具、车船、器具及室内装修等用材。

啤酒花 | *Humulus lupulus*

科属：大麻科 Cannabaceae　葎草属 *Humulus*　别名：蛇麻草、酒花

【形态特征】多年生攀缘草本，茎、枝和叶柄密生绒毛和倒钩刺。叶卵形或宽卵形，长4~11cm，宽4~8cm，先端急尖，基部心形或近圆形，不裂或3~5裂，边缘具粗锯齿，表面密生小刺毛，背面疏生小毛和黄色腺点；叶柄长不超过叶片。雄花排列为圆锥花序，花被片与雄蕊5；雌花每两朵生于一苞片腋间；苞片呈覆瓦状排列为近球形的穗状花序。果穗球果状，直径3~4cm；宿存苞片干膜质，长约1cm，无毛，具油点；瘦果扁平，每苞腋1~2，内藏。花期秋季。

【分布与习性】分布在西吉县吉强镇、兴隆镇等地。生于光照较好的山地林缘、灌丛或河流两岸的湿地。喜光，喜肥沃的土壤。扦插繁殖。

【用途】果穗供制啤酒，雌花药用。在园林绿化中用于制作攀缘花架或篱棚。

桑 | *Morus alba*

科属：桑科 Moraceae　　桑属 *Morus*　　**别名**：家桑、桑树

【形态特征】乔木或灌木状，高可达15 m，胸径50 cm。叶卵形或宽卵形，长5~15 cm，先端尖或渐短尖，基部圆形或微心形，锯齿粗钝，有时缺裂，正面无毛，背面脉腋具簇生毛；叶柄长1.5~5.5 cm，被柔毛。花雌雄异株，雄花序下垂，长2~3.5 cm，密被白色柔毛，雄花花被椭圆形，淡绿色；雌花序长1~2 cm，被毛，花序梗长0.5~1 cm，被柔毛，雌花无梗，花被倒卵形，外面边缘被毛，包围子房，无花柱，柱头2裂，内侧具乳头状突起。聚花果卵状椭圆形，长1~2.5 cm，红色至暗紫色。花期4~5月，果期5~7月。

【分布与习性】西吉县各乡镇均有栽培。喜光，耐寒，耐旱，对土壤的适应性强。扦插繁殖。

【用途】主要的经济林树种。根皮、果实及枝条入药。木材坚硬，可制家具。

附：西吉县常见栽培品种还有龙爪桑 *Morus alba* 'Tortuosa'，主要分布在西吉县兴平乡，其他乡镇也有零星分布。

桑

龙爪桑

蒙古栎 | *Quercus mongolica*

科属：壳斗科 Fagaceae 栎属 *Quercus* **别名**：辽东栎

【形态特征】落叶乔木，高可达20 m；树皮深灰色，纵裂。幼枝深绿褐色，密被绒毛，老枝灰褐色，无毛，具灰白色皮孔。叶倒卵状长圆形至倒卵状披针形，长5~13 cm，宽2.7~6.5 cm，先端钝圆，基部圆形至微心形，边缘具5~7对浅波状锯齿，齿端钝圆或锐尖，正面深绿色，无毛，背面黄绿色，脉上及脉腋具黄色绒毛；托叶倒卵状披针形，长约1 cm，背面被绒毛，早落；无叶柄或极短。雄花序长6~8 cm，着生于当年生枝叶腋，雄蕊通常8；雌花通常3朵簇生或单生于当年生枝叶腋，花被6浅裂，花柱3，壳斗杯状。坚果卵圆形或椭圆形，2/3露出壳斗。花期6月，果期10月。

【分布与习性】分布于西吉县大寨山林场、扫竹岭林场。生于阳坡、半阳坡，形成小片纯林或与桦树等组成混交林。喜温，耐寒，耐旱，耐瘠薄。播种繁殖。

【用途】木材坚硬，耐腐力强，可作为家具、枕木、车轴等用材。种子可制淀粉和酿酒。

胡 桃 | *Juglans regia*

科属： 胡桃科 Juglandaceae　　胡桃属 *Juglans*　　**别名：** 核桃

【形态特征】乔木，高20～25 m；树皮老时灰白色，浅纵裂。小枝无毛。复叶长25～30 cm，叶柄及叶轴幼时被腺毛及腺鳞；小叶（3）5～9，椭圆状卵形或长椭圆形，长6～15 cm，全缘，无毛，先端钝圆或短尖，基部歪斜，近圆形，侧脉11～15对，脉腋具簇生柔毛，侧生小叶具极短柄或近无柄，顶生小叶叶柄长3～6 cm。雄柔荑花序下垂，长5～10（15）cm；雄花苞片、小苞片及花被片均被腺毛，雄蕊6～30，花药无毛；雌穗状花序具花1～3（4）朵。果序短，俯垂，具1～3果；果实近球形，直径4～6 cm，无毛；果核稍皱曲，具2纵棱，顶端具短尖头；隔膜较薄。花期4～5月，果期9～10月。

【分布与习性】西吉县各乡镇均有栽培。喜光，耐寒性较强，喜肥沃、湿润的沙质壤土。播种繁殖。

【用途】种仁含油量高，可生食，亦可榨油；木材坚硬，是很好的硬木材料。

红 桦 | *Betula albosinensis*

科属：桦木科 Betulaceae　桦木属 *Betula*　**别名：**纸皮桦

【形态特征】乔木，高可达30 m，胸径1 m；树皮橙红色，有光泽，纸质，薄片剥落。小枝无毛，有时疏被树脂腺体。叶卵形、卵状椭圆形或卵状长圆形，长3~8 cm，先端渐尖或近尾尖，基部圆形或微心形，正面无毛，背面密被树脂腺点及稀疏长柔毛，具不规则骤尖重锯齿，侧脉10~14对。雌花序单生或2~4排成总状，长圆形或长圆状圆柱形，长3~4 cm，花序梗长约1 cm；苞片中裂片长圆形或披针形，侧裂片开展，近圆形，长为中裂片的1/3。小坚果卵形，长2~3 mm，膜质翅与果近等宽。花期4~5月，果期6~7月。

【分布与习性】分布于西吉县扫竹岭林场。生于山坡或林中。适应性强，生长迅速，尤喜湿润土壤。播种繁殖。

【用途】水源涵养、造林树种，也可用于道路绿化。材质坚韧，结构细，供制胶合板、家具、枪托、飞机螺旋桨等用。

白 桦 | *Betula platyphylla*

科属：桦木科 Betulaceae　桦木属 *Betula*　**别名**：粉桦、桦皮树

【形态特征】乔木，高可达27 m；树皮灰白色，成层剥裂。叶卵状三角形、三角形、菱状三角形或卵状菱形，长3~9 cm，先端渐尖，有时短尾尖，基部截形至楔形，有时几心形或近圆形，边缘有或多或少重锯齿，无毛；叶柄长1~2.5 cm。果序单生，圆柱形；果苞长3~7 mm，中裂片三角形，侧裂片通常开展至向下弯；翅果狭椭圆形，膜质翅与果等宽或较果稍宽。

【分布与习性】分布于西吉县扫竹岭林场、大寨山林场等。生于山坡或林中。喜湿润土壤，为次生林的先锋树种。播种繁殖。

【用途】主要的造林树种，亦可用于道路绿化、美化。木材可供建筑用，树皮可提取桦油。

榛 | *Corylus heterophylla*

科属：桦木科 Betulaceae　　**榛属** *Corylus*　　**别名**：平榛

【形态特征】小乔木或灌木状，高可达7m。小枝被柔毛及刺状腺体。叶长圆形或倒卵形，长4~13cm，先端骤尖、尾状或近平截，基部心形，背面沿脉疏被长柔毛，正面无毛，具不规则重锯齿或浅裂，叶脉3~7对；叶柄细，长1~2(3)cm，疏被柔毛。雄花序2~5簇生，苞片密被柔毛；雌花序2~6排成头状，苞片钟状，长1.5~2.5cm，具纵肋，密被柔毛，近基部具刺状腺体，顶端裂片三角状卵形。坚果卵球形，与果苞近等长，直径0.7~1.5cm，顶端被长柔毛。花期4~5月，果期9月。

【分布与习性】分布于西吉县白崖乡、偏城乡、新营乡等地。生于山地阴坡灌丛中。喜阴，耐旱，耐瘠薄。播种繁殖。

【用途】早春蜜源树。种仁可食及榨油，为重要油料及干果树种；材质坚韧致密，枝干可制手杖、伞柄。

毛 榛 | *Corylus mandshurica*

科属：桦木科 Betulaceae　榛属 *Corylus*　**别名**：毛榛子、火榛子

【形态特征】灌木，高3~4m；树皮暗灰色或灰褐色。枝条灰褐色，无毛；小枝黄褐色，被长柔毛，下部毛较密。叶宽卵形、矩圆形或倒卵状矩圆形，长6~12cm，宽4~9cm，顶端骤尖或尾状，基部心形，边缘具不规则粗锯齿，中部以上具浅裂或缺刻，正面疏被毛或几无毛，背面疏被短柔毛，沿脉毛较密，侧脉约7对；叶柄细瘦，长1~3cm，疏被长柔毛及短柔毛。雄花序2~4排成总状；苞鳞密被白色短柔毛。果单生或2~6簇生，长3~6cm；果苞管状，在坚果上部缢缩，较果长2~3倍，外面密被黄色刚毛，兼有白色短柔毛，上部浅裂，裂片披针形；果序梗粗壮，长1.5~2cm，密被黄色短柔毛；坚果几球形，长约1.5cm，顶端具小突尖，外面密被白色绒毛。

【分布与习性】分布于西吉县白崖乡、沙沟乡、偏城乡。生于山坡灌丛中或林下。喜阴，耐旱，耐瘠薄。播种繁殖。

【用途】种子可食。枝条柔软，可编制箩筐。

虎榛子 | *Ostryopsis davidiana*

科属： 桦木科 Betulaceae　虎榛子属 *Ostryopsis*　别名：棱榆

【形态特征】灌木，高可达3m。小枝密被柔毛。叶卵形或椭圆状卵形，稀宽卵形或宽倒卵形，长2~6.5cm，先端渐尖或尖，基部心形或近圆形，背面密被白色柔毛，脉腋具髯毛，被黄褐色树脂腺点，具重锯齿，中部以上浅裂；叶柄长0.3~1.2cm，密被柔毛。雄花序单生，苞片被柔毛；雌花序顶生，总状或头状，花序梗密被柔毛及稀疏粗毛，苞片管状，长1~1.5cm，密被柔毛。小坚果褐色，卵球形或近球形，长4~6mm，疏被柔毛，具纵肋。花期4~5月，果期6~7月。

【分布与习性】主要分布于西吉县白崖乡、沙沟乡、火石寨乡、偏城乡等地。生于阴坡杂木林。喜光，耐寒，耐旱，耐瘠薄，天然更新能力强，常在裸露的岩层周围成片分布。播种繁殖。

【用途】水土保持树种。树皮及叶含鞣质，可提取栲胶；种子含油，供食用和制肥皂。

小果白刺 | *Nitraria sibirica*

科属：蒺藜科 Zygophyllaceae　　白刺属 *Nitraria*　　别名：白刺、酸胖

【形态特征】灌木，高0.5～1.5 m，多分枝，枝披散，少直立。小枝灰白色，不孕枝先端刺针状。叶近无柄，在嫩枝上4～6簇生，倒披针形，长6～15 mm，宽2～5 mm，先端锐尖或钝，基部渐窄呈楔形，无毛或幼时被柔毛。聚伞花序长1～3 cm，疏被柔毛；萼片5，绿色；花瓣黄绿色或近白色，矩圆形，长2～3 mm。果实椭圆形或近球形，两端钝圆，长6～8 mm，成熟时暗红色，果汁暗蓝色，带紫色，味甜而微咸；果核卵形，先端尖，长4～5 mm。花期5～6月，果期7～8月。

【分布与习性】分布于西吉县田坪乡、红耀乡、马建乡等地。生于干旱山坡、路边。耐旱，耐盐碱，耐瘠薄。播种繁殖。

【用途】优良的水土保持和固沙树种。果实味甜，可制作饮料，亦可入药。

黄栌 | *Cotinus coggygria*

科属：漆树科 Anacardiaceae　黄栌属 *Cotinus*

【形态特征】灌木，高3~5m。叶倒卵形或卵圆形，长3~8cm，宽2.5~6cm，先端圆或微凹，基部圆形或阔楔形，全缘，两面尤其是背面显著被灰色柔毛；侧脉6~11对，先端常叉开；叶柄短。圆锥花序被柔毛；花杂性，直径约3mm；花梗长7~10mm；花萼无毛，裂片卵状三角形，长约1.2mm，宽约0.8mm；花瓣卵形或卵状披针形，长2~2.5mm，宽约1mm，无毛；雄蕊5，长约1.5mm，花药卵形，与花丝等长，花盘5裂，紫褐色；子房近球形，直径约0.5mm，花柱3，分离，不等长。果实肾形，长约4.5mm，宽约2.5mm，无毛。花期2~8月，果期5~11月。

【分布与习性】西吉县火石寨乡有栽培。喜光，耐寒，耐旱，耐瘠薄，耐碱性，根系发达，萌蘖力强。以播种繁殖为主，分株和扦插也可繁殖。

【用途】园林观赏树种。

火炬树 | *Rhus typhina*

科属：漆树科 Anacardiaceae　　盐麸木属 *Rhus*　　别名：鹿角漆、火炬漆

【形态特征】落叶灌木或小乔木，高4～8 m，树形不整齐。小枝粗壮，红褐色，密生绒毛。叶轴无翅，小叶19～23，长椭圆状披针形，长5～12 cm，先端长渐尖，有锐锯齿。雌雄异株，圆锥花序长10～20 cm，直立，密生绒毛；花白色。核果深红色，密被毛，密集呈火炬形。花期6～7月，果期9～10月。

【分布与习性】西吉县吉强镇、火石寨乡、兴平乡等地有栽培。适应性强，喜光，耐寒，耐旱，耐瘠薄，耐盐碱，根系发达，萌蘖力极强。

【用途】园林绿化和水土保持树种。

梣叶槭

Acer negundo

原所在科：槭树科 Aceraceae

科属： 无患子科 Sapindaceae　**槭属** *Acer*　**别名：** 复叶槭、羽叶槭

【形态特征】落叶乔木，高可达20m；树皮灰褐色。小枝无毛。羽状复叶，小叶3~5（7~9），纸质，卵圆形或椭圆状披针形，长8~10cm，宽2~4cm，先端渐尖，基部楔形，具3~5对粗锯齿，背面淡绿色，脉腋被簇生毛，侧脉5~7对；叶柄长5~7cm。花先叶开放；雄花序聚伞状，雌花序总状，下垂；花单性，雌雄异株；花梗长1.5~3cm；无花瓣，无花盘；雄蕊4~6，花丝长；子房无毛。小坚果凸起，近长圆形或长卵圆形，无毛，连翅长3~3.5cm，两翅成锐角或近直角。花期4~5月，果期9月。

【分布与习性】西吉县吉强镇、兴平乡、扫竹岭林场均有栽培。喜光，适应性强，耐寒，耐旱。

【用途】行道树或庭院树，用以绿化城市或厂矿，也是很好的蜜源植物。

附：西吉县还引进栽培有金叶梣叶槭 *Acer negundo* 'Aureum'，其主要特点是奇数羽状复叶，叶片金黄色。

梣叶槭

金叶梣叶槭

五角枫

Acer pictum subsp. *mono*
原所在科：槭树科 Aceraceae

科属：无患子科 Sapindaceae　槭属 *Acer*　别名：色木槭　五角槭

【形态特征】落叶乔木，高可达10 m。单叶，5（7）深裂，长5~12 cm，宽8~12 cm，裂片三角状卵形，基部平截，稀微心形，全缘，幼叶背面脉腋具簇生毛，基脉5，掌状；叶柄长3~13 cm。伞房花序顶生；雄花与两性花同株；萼片5，黄绿色；花瓣5，黄色或白色，矩圆状倒卵形；雄蕊8，着生于花盘内缘。小坚果果核扁平，脉纹明显，基部平截或稍圆，翅矩圆形，常与果核近等长，连同小坚果长2~2.5 cm，张开成锐角或近钝角。花期5月，果期9月。

【分布与习性】零星分布于西吉县兴隆镇。喜阳，稍耐阴，喜温凉、湿润气候，耐寒性强。

【用途】树皮纤维良好，可用作人造棉及造纸的原料；叶含鞣质，种子榨油，可供工业用；木材细密，可供建筑、车辆、乐器和胶合板等制造之用。

紫叶挪威枫 | *Acer platanoides* 'Crimson King'

科属：无患子科 Sapindaceae　槭属 *Acer*

【形态特征】落叶小乔木，高10.5~12 m，最高可达24 m，冠幅7.5~9 m，树形优美，接近卵圆形，树干笔直，枝叶较密。叶星形，对生，浅裂，叶缘锯齿状，叶脉掌状，叶片长10~20 cm；叶片春夏季为深紫铜色，秋季变为紫红色，叶色绚丽。花朵淡红色、栗黄色或绿色，花茎红色。翼果长2.5~7.5 cm，绿色、红色或棕色，翼翅紫色。花期4月，果期9~10月。

【分布与习性】西吉县平峰镇有栽培。喜肥沃、排水良好的土壤，生长速度中等。嫁接或播种繁殖。

【用途】园林观赏树种。

茶条枫 | *Acer tataricum* subsp. *ginnala*
原所在科：槭树科 Aceraceae

科属：无患子科 Sapindaceae　　**槭属** *Acer*　　**别名**：华北茶条槭、茶条、茶条槭

【形态特征】落叶灌木或小乔木，一般高2 m，偶可高可达10 m。叶卵状椭圆形，长6~10 cm，宽4~6 cm，常羽状3~5裂，中裂片较大，基部圆形或近心形，叶缘有不整齐重锯齿，正面无毛，背面脉上及脉腋有长柔毛。花杂性，伞房花序圆锥状，顶生。果核两面突起，果翅张开成锐角或近平行，紫红色。花期5~6月，果期9月。

【分布与习性】主要分布在西吉县大寨山林场。生于海拔2000~2100 m的杂木林、疏林或山坡林缘。喜光，适应性强，耐阴，耐寒，喜湿润。播种繁殖。

【用途】北方良好的庭园观赏树种。

元宝槭 *Acer truncatum*
原所在科：槭树科 Aceraceae

科属：无患子科 Sapindaceae　槭属 *Acer*　**别名**：平基槭、元宝枫

【**形态特征**】落叶乔木，高可达10m。单叶，5（7）深裂，长5~12cm，宽8~12cm，裂片三角状卵形，基部平截，稀微心形，全缘，幼叶背面脉腋具簇生毛，基脉5，掌状；叶柄长3~13cm。伞房花序顶生；雄花与两性花同株；萼片5，黄绿色；花瓣5，黄色或白色，矩圆状倒卵形；雄蕊8，着生于花盘内缘。小坚果果核扁平，脉纹明显，基部平截或稍圆，翅矩圆形，常与果核近等长，两翅成钝角。花期5月，果期9月。

【**分布与习性**】西吉县火石寨乡有栽培。喜光，耐寒，耐旱，忌涝，生长较慢。播种繁殖。

【**用途**】良好的庭院树和行道树。种子含油丰富，可做工业原料。

栾 树 | *Koelreuteria paniculata*

科属： 无患子科 Sapindaceae　栾属 *Koelreuteria*　**别名：** 灯笼树、摇钱树

【形态特征】落叶乔木或灌木，高可达10 m。小枝有柔毛。奇数羽状复叶，有时二回或不完全二回羽状复叶，连叶柄长20~40 cm；小叶7~15，纸质，卵形或卵状披针形，长3.5~7.5 cm，宽2.5~3.5 cm，边缘具锯齿或羽状分裂。圆锥花序顶生，广展，长25~40 cm，有柔毛；花淡黄色，中心紫色；萼片5，有睫毛；花瓣4，长8~9 mm；雄蕊8。蒴果长卵形，长4~5 cm，顶端锐尖，边缘有膜质薄翅3；种子圆形，黑色。花期6~8月，果期9~10月。

【分布与习性】零星分布于西吉县兴平乡。耐寒，耐旱，不耐涝，耐瘠薄，对环境的适应性强。播种或扦插繁殖。

【用途】行道树和庭园观赏树。

文冠果 | *Xanthoceras sorbifolium*

科属: 无患子科 Sapindaceae 文冠果属 *Xanthoceras* **别名:** 文冠树、木瓜

【形态特征】落叶灌木或小乔木,高可达8m;树皮灰褐色。小枝有短绒毛。奇数羽状复叶,长15~30cm;小叶9~19,膜质,狭椭圆形至披针形,长2~6cm,宽1~2cm,背面疏生星状柔毛。圆锥花序长12~30cm;花杂性,花梗纤细,长12~20mm;萼片5,长椭圆形;花瓣5,白色,基部红色或黄色,长1.7cm;花盘5裂,裂片背面有一橙色的角状附属体;雄蕊8。蒴果长3.5~6cm,室裂为3果瓣,果皮厚,木栓质。花期春季,果期秋初。

【分布与习性】西吉县各乡镇均有分布。野生于丘陵、山坡等处,各地也常栽培。喜光,耐半阴,耐瘠薄。播种繁殖。

【用途】水土保持和园林观赏树种,也是北方主要的木本油料植物。

臭 椿 | *Ailanthus altissima*

科属： 苦木科 Simaroubaceae　　臭椿属 *Ailanthus*　　别名：椿树

【形态特征】落叶乔木，高可达20 m。嫩枝被黄色或黄褐色柔毛，后脱落。奇数羽状复叶，长40～60 cm，叶柄长7～13 cm；小叶13～27，对生或近对生，纸质，卵状披针形，长7～13 cm，宽2.5～4 cm，先端长渐尖，基部平截或稍圆，全缘，具1～3对粗齿，齿背有腺体，背面灰绿色。圆锥花序长达30 cm。翅果长椭圆形，长3～4.5 cm。花期4～5月，果期8～10月。

【分布与习性】西吉县各乡镇广泛分布。耐寒，耐旱，喜光，适应性强；抗虫性较差，臭椿沟眶象危害极为严重。播种、根蘖、分株繁殖。

【用途】荒山造林先锋树种，也是良好的水土保持、盐碱地改良树种。树皮、根皮、果实均可入药。

附：西吉县引进栽培有千头椿 *Ailanthus altissima* 'Qiantou'，其与臭椿的区别在于分枝较多，无明显主干，树冠似漏斗，卵形或近球形。零星分布于西吉县兴平乡。

臭椿

千头椿

黄檗 | *Phellodendron amurense*

科属：芸香科 Rutaceae　黄檗属 *Phellodendron*　**别名**：黄柏、关黄柏、黄菠萝

【形态特征】落叶乔木，高10~20 m，大树高可达30 m，胸径1 m。枝扩展，成年树的树皮有厚木栓层，浅灰色或灰褐色，深沟状或不规则网状开裂，内皮薄，鲜黄色，味苦，黏质，小枝暗紫红色，无毛。叶轴及叶柄均纤细，具小叶5~13，小叶薄纸质或纸质，卵状披针形或卵形，长6~12 cm，宽2.5~4.5 cm，顶部长渐尖，基部阔楔形，一侧斜尖，或为圆形，叶缘有细钝齿和缘毛，正面无毛或中脉有疏短毛，背面仅基部中脉两侧密被长柔毛，秋季落叶前叶色由绿转黄而明亮，毛大多脱落。花序顶生；萼片细小，阔卵形，长约1 mm；花瓣紫绿色，长3~4 mm；雄花的雄蕊比花瓣长，退化雌蕊短小。果实圆球形，直径约1 cm，蓝黑色，通常有5~8（10）浅纵沟，干后较明显；种子通常5粒。花期5~6月，果期9~10月。

【分布与习性】西吉县火石寨乡有栽培。耐寒，耐旱。播种繁殖。

【用途】树皮内层经炮制后入药。

花 椒 | *Zanthoxylum bungeanum*

科属：芸香科 Rutaceae　　花椒属 *Zanthoxylum*　　**别名：**蜀椒、秦椒

【形态特征】落叶小乔木或灌木状，高可达7m。茎干被粗壮皮刺，小枝刺基部宽扁、直伸，幼枝被柔毛。奇数羽状复叶，叶轴具窄翅，小叶5~13，对生，无柄，纸质，卵形、椭圆形，稀披针形或圆形，长2~7cm，宽1~3.5cm，先端尖或短尖；基部宽楔形或近圆形，两侧稍不对称，具细锯齿，齿间具油点，正面无毛，背面基部中脉两侧具簇生毛。聚伞状圆锥花序顶生，长2~5cm，花序轴及花梗密被柔毛或无毛；花被片6~8，1轮，黄绿色，大小近相同；雄花具5~8雄蕊；雌花具（3）2（4）心皮。果实紫红色，果瓣直径4~5mm，散生凸起油点，顶端具甚短芒尖或无。花期4~5月，果期8~9月。

【分布与习性】西吉县普遍栽培。喜温暖、湿润气候，喜光，抗病力强，不耐涝。播种、嫁接、扦插和分株繁殖。

【用途】著名香料及油料树种。

木 槿 | *Hibiscus syriacus*

科属：锦葵科 Malvaceae　木槿属 *Hibiscus*　别名：喇叭花、大红花

【形态特征】落叶灌木，高3~4m。小枝密被黄色星状绒毛。叶菱形至三角状卵形，长3~10cm，宽2~4cm，具深浅不同的3裂或不裂，先端钝，基部楔形，边缘具不整齐齿缺，背面沿叶脉微被毛或近无毛；叶柄长5~25mm，上面被星状柔毛；托叶线形，长约6mm，疏被柔毛。花单生于枝端叶腋间，花梗长4~14mm，被星状短绒毛；小苞片6~8，线形，长6~15mm，宽1~2mm，密被星状绒毛；花萼钟形，长14~20mm，密被星状短绒毛，裂片5，三角形；花钟形，淡紫色，直径5~6cm，花瓣倒卵形，长3.5~4.5cm，外面疏被纤毛和星状长柔毛；雄蕊柱长约3cm；花柱枝无毛。蒴果卵圆形，直径约12mm，密被黄色星状绒毛；种子肾形，背部被黄白色长柔毛。花期7~10月。

【分布与习性】西吉县城区及震湖乡引进栽培。适应性很强，耐干燥，耐瘠薄。扦插、分株繁殖。

【用途】园林观赏树种，或用作绿篱材料。

蒙椴 *Tilia mongolica*

原所在科：椴树科 Tiliaceae

科属：锦葵科 Malvaceae　椴属 *Tilia*　别名：白皮椴

【形态特征】乔木，高10 m；树皮淡灰色，呈不规则薄片状脱落。嫩枝无毛，顶芽卵形，无毛。叶阔卵形或圆形，长4~6 cm，宽3.5~5.5 cm，先端渐尖，常3裂，基部微心形或斜截形，正面无毛，背面仅脉腋有毛丛，侧脉4~5对，边缘有粗锯齿，齿尖突出；叶柄长2~3.5 cm，无毛，纤细。聚伞花序长5~8 cm，有花6~12朵，花序梗无毛；花梗长5~8 mm，纤细；苞片窄长圆形，长3.5~6 cm，宽6~10 mm，两面均无毛，上下两端钝，下半部与花序梗合生，基部有柄，长约1 cm；萼片披针形，长4~5 mm，外面近无毛；花瓣长6~7 mm；退化雄蕊花瓣状，稍窄小；雄蕊与萼片等长；子房被毛，花柱无毛。果实倒卵形，长6~8 mm，被毛，有不明显的棱。花期7月。

【分布与习性】分布于西吉县大寨山林场、扫竹岭林场。较耐阴，但不耐旱，喜生于湿润阴坡，耐寒性较强。播种繁殖。

【用途】秋叶亮绿色，可供观赏。抗污染能力强，是优质建筑材料。

少脉椴 | *Tilia paucicostata*
原所在科：椴树科 Tiliaceae

科属：锦葵科 Malvaceae　椴属 *Tilia*

【形态特征】乔木，高13 m。幼枝无毛。顶芽被毛或无毛。叶薄革质，卵圆形，长6～10 cm，先端骤尖，基部斜心形或斜平截，背面脉腋有毛丛，边缘有细锯齿；叶柄长2～5 cm。聚伞花序长4～8 cm，有花6～8朵；苞片窄倒披针形，长5～8.5 cm，宽1～1.6 cm，两面无毛，下半部与花序梗合生，基部有长0.7～1.2 cm的短柄；花梗长1～1.5 cm；萼片长卵形，长4 mm；花瓣长5～6 mm；退化雄蕊比花瓣短小；雄蕊长4 mm；子房被星状柔毛，花柱长2～3 mm。果实倒卵圆形，长6～7 mm。花期6～7月，果期7～8月。

【分布与习性】分布于西吉县大寨山林场、沙沟乡、白崖乡等地。生于林缘或沟谷。喜光，较耐阴，耐寒性强。播种繁殖。

【用途】茎皮纤维代麻用；木材富有弹性，可供制农具、家具及建筑用。

黄瑞香 | *Daphne giraldii*

科属：瑞香科 Thymelaeaceae　　瑞香属 *Daphne*　　**别名**：祖师麻

【形态特征】落叶直立灌木。枝无毛，幼时橙黄色，老时灰褐色。叶互生，膜质，常密生于小枝上部，倒披针形，长3～6 cm，宽0.7～1.2 cm，先端钝或微突尖，基部楔形，全缘，背面带白霜，干后灰绿色，两面无毛，中脉在上面下凹，侧脉8～10对；几无叶柄。花3～8朵组成顶生头状花序；花序梗极短，无毛；无苞片；花黄色，微芳香；萼筒长6～8 mm，无毛，裂片4，卵状三角形，骤尖或渐尖，长3～4 mm；雄蕊8，2轮；花盘浅盘状，全缘；子房椭圆形，无毛，无花柱，柱头头状。果实卵形，橙红色或红色。花期6月，果期7～8月。

【分布与习性】广泛分布于西吉县土石山区。生于山地林缘或疏林中。喜光，耐旱，耐瘠薄。分株、扦插、压条繁殖。

【用途】园林绿化和水土保持树种。茎皮及根皮可入药。

尖叶盐爪爪 | *Kalidium cuspidatum*

原所在科：藜科 Chenopodiaceae

科属：苋科 Amaranthaceae　盐爪爪属 *Kalidium*

【形态特征】小灌木，高20～40 cm。茎自基部分枝；枝近直立，灰褐色，小枝黄绿色。叶卵形，长1.5～3 mm，宽1～1.5 mm，顶端急尖，稍内弯，基部半抱茎，下延。花序穗状，生于枝条上部，长5～15 mm，直径2～3 mm；花排列紧密，每1苞片内有花3朵；花被合生，上部扁平呈盾状，盾片长五角形，具狭窄的翅状边缘。胞果近圆形，果皮膜质；种子近圆形，淡红褐色，直径约1 mm，有乳头状小突起。花果期7～9月。

【分布与习性】分布于西吉县马建乡、田坪乡。生于盐碱滩地。耐旱，耐盐碱。

【用途】盐碱地改良树种，亦可作为中等偏低的饲用植物。

盐爪爪 | *Kalidium foliatum*
原所在科：藜科 Chenopodiaceae

科属：苋科 Amaranthaceae　　盐爪爪属 *Kalidium*　　**别名：**灰碱柴

【形态特征】小灌木，高20～50 cm。茎直立或平卧，多分枝；枝灰褐色，小枝上部近草质，黄绿色。叶圆柱形，伸展或稍弯，灰绿色，长4～10 mm，宽2～3 mm，顶端钝，基部下延，半抱茎。花序穗状，无柄，长8～15 mm，直径3～4 mm，每3朵花生于1鳞状苞片内；花被合生，上部扁平呈盾状，盾片宽五角形，周围有狭窄的翅状边缘；雄蕊2。种子直立，近圆形，直径约1 mm，密生乳头状小突起。花果期7～8月。

【分布与习性】分布于西吉县马建乡、田坪乡。生于盐碱滩地。耐旱，耐盐碱。

【用途】饲用植物。

驼绒藜 | *Krascheninnikovia ceratoides*
原所在科：藜科 Chenopodiaceae

科属：苋科 Amaranthaceae　　驼绒藜属 *Krascheninnikovia*　　**别名**：驼绒蒿

【**形态特征**】半灌木，高0.1~1m，分枝多集中于下部，斜展或平展。叶较小，条形、条状披针形、披针形或矩圆形，长1~2（5）cm，宽0.2~0.5（1）cm，先端急尖或钝，基部渐狭呈楔形或圆形，1脉，有时近基处有2侧脉，稀为羽状。雄花序长达4cm，紧密；雌花管椭圆形，长3~4mm，宽约2mm；花管裂片角状，较长，其长为管长的1/3到等长。果实直立，椭圆形，被毛。花果期6~9月。

【**分布与习性**】西吉县土石山区均有分布。生于荒地或山坡。耐寒，耐旱。播种、扦插繁殖。

【**用途**】可作为干旱地区防风固沙、水土保持植物栽培。

三春水柏枝 | *Myricaria paniculata*

科属： 柽柳科 Tamaricaceae　水柏枝属 *Myricaria*

【形态特征】灌木，高可达3m。当年生枝灰绿色或红褐色。叶披针形、卵状披针形或长圆形，长2~4（6）mm，密集。每年开花2次，春季总状花序侧生于二年生枝上，基部被多数覆瓦状排列的膜质鳞片；苞片椭圆形或倒卵形；夏秋季开花，圆锥花序生于当年生枝顶端，苞片卵状披针形或窄卵形，长4~6mm；花梗长1~2mm；萼片卵形或卵状长圆形，长3~4mm，内曲；花瓣倒卵形或倒卵状披针形，长4~6mm，常内曲，粉红色或淡紫红色，花后宿存；雄蕊10，花丝1/2或2/3连合。蒴果窄圆锥形，长0.8~1cm，3瓣裂；种子长1~1.5mm，芒柱一半以上被白色长柔毛。花期3~9月，果期5~10月。

【分布与习性】主要分布于西吉县白崖乡、沙沟乡。生于砾石质河滩、河床沙地、河漫滩等地。耐寒，耐涝，喜光。扦插或压条繁殖。

【用途】河道、堤坝造林及庭院绿化树种。

柽 柳 | *Tamarix chinensis*

科属： 柽柳科 Tamaricaceae　柽柳属 *Tamarix*　**别名：** 西河柳、红柳

【形态特征】小乔木或灌木，高可达8m。幼枝稠密、纤细，常开展而下垂，紫红色或暗紫红色，有光泽。叶鲜绿色，钻形或卵状披针形，长1～3mm，背面有龙骨状突起，先端内弯。每年开花2～3次；春季总状花序侧生于二年生小枝上，长3～6cm，下垂；夏秋季总状花序生于当年生枝顶端，长3～5cm，长圆形或窄三角形；花瓣5，通常卵状椭圆形或椭圆状倒卵形；花盘5裂，或每一裂片再裂成10裂片，紫红色，肉质；雄蕊5，花丝着生于花盘裂片间；花柱3，棍棒状。蒴果圆锥形，长3.5mm。花期4～9月。

【分布与习性】西吉县各乡镇河道或库区均有分布。喜光，耐旱，耐寒，耐盐碱。扦插繁殖。

【用途】河道治理、荒山造林、园林绿化的常用树种，也是优良的蜜源植物。可作为薪炭柴，亦可作为农具用材。其细枝柔韧耐磨，多用来编筐；枝叶药用。

附：西吉县还引进栽培有鲁柽2号 *Tamarix chinensis* 'Lucheng-2'，小乔木，高3～6m。树冠开张，枝纤细下垂，叶密似绒，与柽柳相区别。西吉县硝河乡、兴隆镇有栽培。

柽柳

鲁柽2号

红瑞木 | *Cornus alba*

科属：山茱萸科 Cornaceae　　山茱萸属 *Cornus*　　别名：凉子木、红瑞山茱萸

【形态特征】落叶灌木，高3m。枝血红色，无毛，常被白粉，髓部很宽，白色。叶对生，卵形至椭圆形，长4~9cm，宽2.5~5.5cm，侧脉5~6对；叶柄长1~2cm。伞房状聚伞花序顶生；花小，黄白色；萼坛状，齿三角形；花瓣卵状舌形；雄蕊4；花盘垫状；子房近倒卵形，疏被伏贴短柔毛。核果斜卵圆形，花柱宿存，成熟时白色或稍带蓝紫色。花期6~7月，果期8~10月。

【分布与习性】西吉县城区、兴平乡有栽培。喜光，耐寒。播种、扦插和压条繁殖。

【用途】园林观赏树种。

沙 棶 | *Cornus bretschneideri*

科属：山茱萸科 Cornaceae　山茱萸属 *Cornus*

【形态特征】灌木或小乔木，高可达6m；树皮紫红色。小枝疏被伏生灰白色短柔毛，后无毛，皮孔显著。叶纸质，对生，宽椭圆形或卵状椭圆形，长5~8.5cm，先端急尖或渐尖，基部圆形或宽楔形，正面被短柔毛，背面密被伏生白色短柔毛及乳突状小突起，侧脉5~6对，弧状上升，背面脉上毛较密，脉腋被簇生白色柔毛，网脉横出；叶柄长0.7~1.5cm，被伏生短柔毛。伞房状聚伞花序顶生，长3~4.5cm，被伏生灰色短柔毛；花直径5~7mm；萼裂片齿状，外侧被毛；花瓣外侧被伏生毛；雄蕊长于花瓣，花丝长约5mm，花药长约1mm；花盘无毛，褥状；花柱长2.2~2.5mm，稀被伏生短柔毛；柱头头状；花托卵状，具灰色伏生短柔毛；花梗长2~6mm，疏生灰色短柔毛。核果圆球形，直径4~5mm，成熟时蓝黑色或黑色，被伏生短柔毛；核骨质，条纹不明显。花期6~7月，果期8~9月。

【分布与习性】西吉县火石寨乡、沙沟乡、白崖乡等地有分布。生于杂木林中或灌丛中。喜光，喜肥沃、疏松土壤。播种、扦插繁殖。

【用途】园林绿化、美化树种。

大花溲疏 | *Deutzia grandiflora*
原所在科：虎耳草科 Saxifragaceae

科属：绣球花科 Hydrangeaceae　溲疏属 *Deutzia*

【形态特征】灌木，高约2m。老枝紫褐色或灰褐色，无毛，表皮片状脱落；花枝开始极短，以后延长达4cm，具2~4叶，黄褐色。叶纸质，卵状菱形或椭圆状卵形，长2~5.5cm，宽1~3.5cm，先端急尖，基部楔形或阔楔形，边缘具大小相间或不整齐锯齿，正面被4~6辐线星状毛，背面灰白色，被7~11辐线星状毛，毛稍紧贴。聚伞花序长和直径均1~3cm；花冠直径2~2.5cm；花梗长1~2mm，被星状毛；萼筒浅杯状，高约2.5mm，直径约4mm，密被灰黄色星状毛，有时具中央长辐线，裂片线状披针形，较萼筒长；花瓣白色，长圆形或倒卵状长圆形，长约1.5cm，宽约7mm，先端圆形，中部以下渐狭，外面被星状毛。蒴果半球形，直径4~5mm，被星状毛，宿存萼裂片外弯。花期4~6月，果期9~11月。

【分布与习性】西吉县引进栽培。喜光，稍耐阴，耐寒，耐旱，对土壤要求不严。播种或扦插繁殖。

【用途】水土保持和园林观赏树种。

挂苦绣球 | *Hydrangea xanthoneura*
原所在科：虎耳草科 Saxifragaceae

科属：绣球花科 Hydrangeaceae　　绣球属 *Hydrangea*　　**别名**：黄脉八仙花

【形态特征】灌木或小乔木，高1~7m。幼枝粗壮，疏被毛，老枝褐色，无毛。叶倒卵状长圆形、椭圆形至长椭圆形，长10~18cm，宽5~8m，先端急尖，基部宽楔形或近圆形，边缘具锐锯齿，正面近无毛，背面沿脉被短柔毛，叶柄长1.5~4cm，无毛。大型伞房状聚伞花序顶生；两性花萼片4~5，钝三角形；花瓣4~5；雄蕊10；子房半下位，花柱通常3。蒴果近卵形，长约3mm。花期7月，果期9~10月。

【分布与习性】西吉县火石寨乡有分布。生于疏林中或山顶灌丛中。喜光，较耐阴，耐寒性强。扦插繁殖。

【用途】水土保持和观赏树种。

毛萼山梅花 | *Philadelphus dasycalyx*
原所在科：虎耳草科 Saxifragaceae

科属：绣球花科 Hydrangeaceae　山梅花属 *Philadelphus*

【形态特征】灌木，高约3 m，稍攀缘状；二年生小枝灰褐色，无毛，当年生小枝褐色至浅褐色，被毛或无毛。叶卵形或卵状椭圆形，长3~6（8）cm，宽1.2~3.5（5）cm，先端急尖或短渐尖，基部阔楔形或圆形，边缘具锯齿，花枝上叶无毛或有时上面疏被糙伏毛，下面无毛。总状花序有花5~6（18）朵，稀下部枝条顶端有3朵花；花序轴长2.5~5.5 cm，疏被白色长柔毛或无毛；花梗长4~5 mm，密被白色长柔毛；花萼外面密被灰白色直立长柔毛，萼裂片卵形，长5~6 mm，宽2.5~3 mm，先端急尖，疏被毛或无毛；花冠近盘状，直径2.5~3 cm；花瓣白色，倒卵形或阔倒卵形，长1.2~1.5 cm，宽1~1.2 cm，无毛；雄蕊25~34，长可达7 mm。蒴果倒卵形，长约6 mm，直径约4.5 mm，宿存萼裂片近顶生；种子长约3 mm，具短尾。花期5~6月，果期7~9月。

【分布与习性】分布于西吉县火石寨乡。生于山坡及林下。对低温、高温、水涝、干旱等恶劣的生长环境具有良好的抗逆性。播种繁殖。

【用途】水土保持和观赏树种。

太平花 | *Philadelphus pekinensis*
原所在科：虎耳草科 Saxifragaceae

科属：绣球花科 Hydrangeaceae　　山梅花属 *Philadelphus*

【形态特征】灌木，高可达2m。叶卵形或宽椭圆形，长6~9cm，先端长渐尖，基部宽楔形或楔形，具锯齿，两面无毛，叶脉离基3~5出，花枝上的叶较小；叶柄长0.5~1.2cm。总状花序有花5~7（9）朵；花序轴长3~5cm，黄绿色；花梗长3~6mm；花萼黄绿色，无毛，裂片卵形，长3~4mm，先端尖，干后脉纹明显；花冠盘状，直径2~3cm；花瓣白色，倒卵形，长0.9~1.2cm；雄蕊25~28，长可达8mm；花盘和花柱无毛，花柱长4~5mm，纤细，先端稍裂，柱头棒状或槌形，长约1mm。蒴果近球形或倒圆锥形，直径5~7mm，宿存萼裂片近顶生；种子长3~4mm，具短尾。花期5~7月，果期8~10月。

【分布与习性】分布于西吉县火石寨乡。生于山坡及林下。喜光，稍耐阴，较耐寒，耐旱，怕水湿，水浸易烂根。播种繁殖。

【用途】水土保持和观赏树种。

杜 仲 | *Eucommia ulmoides*

科属： 杜仲科 Eucommiaceae　杜仲属 *Eucommia*

【形态特征】落叶乔木，高可达20 m，胸径1 m；树皮灰褐色，粗糙；植株具丝状胶质。幼枝被黄褐色毛，旋脱落，老枝皮孔显著。芽卵圆形，红褐色。单叶互生，椭圆形、卵形或长圆形，薄革质，长6~15 cm，宽3.5~6.5 cm，先端渐尖，基部宽楔形或近圆形，羽状脉，具锯齿；叶柄长1~2 cm，无托叶。花单性，雌雄异株，无花被，先叶开放，或与新叶同放；雄花簇生，花梗长约3 mm，无毛，具小苞片，雄蕊5~10，线形，花丝长约1 mm，花药4室，纵裂；雌花单生于小枝下部，苞片倒卵形，花梗长8 mm，子房无毛，1室，先端2裂，子房柄极短，柱头位于裂口内侧，先端反折，倒生胚珠2，并立、下垂。翅果扁平，长椭圆形，长3~3.5 cm，宽1~1.3 cm，先端2裂，基部楔形，周围具薄翅；种子1粒，扁平线形，垂悬于顶端，长1.4~1.5 cm，宽3 mm，两端圆；富含胚乳；胚直立，与胚乳等长；子叶肉质，扁平；外种皮膜质。花期4月，果期10月。

【分布与习性】引进栽培树种，栽植于西吉县兴平乡聂家河。喜光，喜湿润、肥沃土壤。播种、扦插繁殖。

【用途】木材供建筑及制家具，树皮药用。

宁夏枸杞 | *Lycium barbarum*

科属：茄科 Solanaceae　枸杞属 *Lycium*　**别名**：津枸杞、中宁枸杞

【形态特征】灌木，高可达2m。茎、枝无毛，具棘刺。叶披针形或长椭圆状披针形，长2~3cm，宽3~6mm，先端短渐尖或急尖，基部楔形，栽培品种之叶长达12cm，宽1.5~2cm。花在长枝者1~2朵腋生，在短枝者2~6朵簇生；花梗长1~2cm；花萼钟状，长4~5mm，常2中裂，裂片具小尖头或2~3齿裂；花冠漏斗状，紫色，花冠筒长0.8~1cm，裂片卵形，长5~6mm，基部具耳，边缘无缘毛；雄蕊花丝近基部及花冠筒内壁具一圈密绒毛；花柱稍伸出。浆果红色或栽培品种有橙色，肉质多汁，形状及大小多变异，宽椭圆形、长圆形、卵圆形或近球形，长0.8~2cm，直径0.5~1cm；种子扁肾形，黄褐色，长约2mm。花期5~8月，果期8~11月。

【分布与习性】西吉县各乡镇均有分布。常生于土层深厚的沟边、山坡、田埂和宅旁。耐盐碱，耐沙荒，耐旱。扦插繁殖，也可播种、分蘖繁殖。

【用途】水土保持和造林绿化树种，宁夏重要的经济林树种。果实入药。

附：西吉县常见栽培品种有宁农杞9号 *Lycium barbarum* 'ningnongqi-9'。西吉县沙沟乡有栽培。

枸　杞 | *Lycium chinense*

科属： 茄科 Solanaceae　枸杞属 *Lycium*　**别名：** 中华枸杞

【形态特征】灌木，高约1 m。枝细长，柔弱，常弯曲下垂，有棘刺。叶互生或簇生于短枝上，卵形、卵状菱形或卵状披针形，长1.5～5 cm，宽5～17 mm，全缘；叶柄长3～10 mm。花常1～4朵簇生于叶腋；花梗细，长5～16 mm；花萼钟状，长3～4 mm，3～5裂；花冠漏斗状，筒部稍宽，但短于檐部裂片，长9～12 mm，淡紫色，裂片有缘毛；雄蕊5，花丝基部密生绒毛。浆果卵形或长椭圆状卵形，长5～15 mm，红色；种子肾形，黄色。花期5～9月，果期8～11月。

【分布与习性】西吉县各乡镇均有分布。常生于田埂和宅旁。耐盐碱，耐沙荒，耐旱。扦插繁殖，也可播种、分蘖繁殖。

【用途】水土保持和造林绿化树种。根皮入药。

互叶醉鱼草 | *Buddleja alternifolia*
原所在科：马钱科 Loganiaceae

科属：玄参科 Scrophulariaceae　醉鱼草属 *Buddleja*　别名：小叶醉百草

【形态特征】灌木，高可达4m。叶在长枝者互生，在短枝者簇生；长枝上的叶披针形或线状披针形，长3~10cm，全缘或具波状齿，两面密被灰白色星状短绒毛，正面老时近无毛；叶柄长1~2mm；短枝或花枝上的叶椭圆形或倒卵形，长0.5~1.5cm，宽0.2~1cm，全缘兼具波状齿。花多朵组成簇生状或圆锥状聚伞花序，花序长1~4.5cm，花序梗短，基部常具少数小叶；花梗长3mm；花芳香，花萼钟状，长2.5~4mm，密被灰白色星状绒毛，杂有腺毛，裂片长0.5~1.7mm；花冠紫蓝色，花冠筒长0.6~1cm，裂片长1.2~3mm；雄蕊着生于花冠筒内壁中部，花药长1~1.8mm；柱头卵形。蒴果椭圆形，长约5mm，无毛；种子多粒，长1.5~2mm，边缘具短翅。花期5~7月，果期7~10月。

【分布与习性】西吉县火石寨乡有栽培。耐寒，耐旱，适应性强。播种繁殖。

【用途】水土保持、园林绿化树种。

杠柳 *Periploca sepium*

原所在科：萝藦科 Asclepiadaceae

科属： 夹竹桃科 Apocynaceae　杠柳属 *Periploca*

【形态特征】落叶蔓性灌木，长可达1.5 m。主根圆柱形，外皮灰棕色，内皮浅黄色；具乳汁，除花外，全株无毛；茎皮灰褐色。小枝通常对生，有细条纹，具皮孔。叶卵状长圆形，长5~9 cm，宽1.5~2.5 cm，顶端渐尖，基部楔形，正面深绿色，背面淡绿色；中脉在叶面扁平，在叶背微凸起，侧脉纤细，两面扁平，每边20~25条；叶柄长约3 mm。聚伞花序腋生，着花数朵。种子长圆形，长约7 mm，宽约1 mm，黑褐色，顶端具白色绢质种毛；种毛长3 cm。花期5~6月，果期7~9月。

【分布与习性】西吉县火石寨乡有栽培。喜光，亦耐阴，耐寒，耐旱，耐瘠薄，对土壤适应性强，具有较强的抗风蚀、抗沙埋能力。播种或扦插繁殖。

【用途】防风固沙和水土保持树种。根皮、茎皮可入药。

连 翘 | *Forsythia suspensa*

科属： 木樨科 Oleaceae　　**连翘属** *Forsythia*　　**别名：** 毛连翘

【形态特征】落叶灌木。枝开展或下垂，棕色、棕褐色或淡黄褐色，小枝土黄色或灰褐色，略呈四棱形，疏生皮孔，节间中空，节部具实心髓。叶通常为单叶，或3裂至3出复叶，卵形、宽卵形或椭圆状卵形至椭圆形，长2~10 cm，宽1.5~5 cm。花通常单生或2至数朵着生于叶腋，先叶开放；花萼绿色，花冠黄色，裂片倒卵状长圆形或长圆形，长1.2~2 cm，宽6~10 mm；在雌蕊长5~7 mm的花中，雄蕊长3~5 mm，在雄蕊长6~7 mm的花中，雌蕊长约3 mm。果实卵球形、卵状椭圆形或长椭圆形，长1.2~2.5 cm，宽0.6~1.2 cm，先端喙状渐尖，表面疏生皮孔；果梗长0.7~1.5 cm。花期3~4月，果期7~9月。

【分布与习性】西吉县有栽培。适应性强，对土壤要求不严，喜光，耐寒，耐旱，耐瘠薄。播种、扦插、压条繁殖。

【用途】早春观赏树木。果实可入药。

金钟花 | *Forsythia viridissima*

科属： 木樨科 Oleaceae　连翘属 *Forsythia*　**别名：** 黄金条

【形态特征】落叶灌木。小枝具片状髓。单叶，长椭圆形或披针形，长3.5~15cm，宽1~4cm，先端锐尖，基部楔形，上部常具不规则锐齿或粗齿，稀近全缘，两面无毛；叶柄长0.6~1.2cm。花1~3（4）朵着生于叶腋，先叶开放；花梗长3~7mm；花萼裂片卵形或长圆形，长2~4mm，具睫毛；花冠深黄色，长1.1~2.5cm，花冠筒长5~6mm，裂片窄长圆形，反卷；在雄蕊长3.5~5mm的花中，雌蕊长5.5~7mm，在雄蕊长6~7mm的花中，雌蕊长约3mm。果实卵圆形或宽卵圆形，长1~1.5cm，先端喙状渐尖，具皮孔。花期3~4月，果期8~11月。

【分布与习性】西吉县各乡镇均有栽培。适应性强，对土壤要求不严，喜光，耐寒，耐旱，耐瘠薄。播种、扦插、压条、嫁接、分株均可繁殖。

【用途】早春观赏树种，也是优良的水土保持树种。

水曲柳 | *Fraxinus mandshurica*

科属：木樨科 Oleaceae　梣属 *Fraxinus*　别名：东北梣、大叶梣

【形态特征】落叶乔木。小枝无毛。羽状复叶在枝端对生，长25～35 cm；叶轴小叶着生处簇生黄褐色曲柔毛或脱落无毛，小叶7～11，纸质，长圆形或卵状长圆形，长5～20 cm，先端渐尖或尾尖，基部楔形或圆钝，稍歪斜，具细齿，正面无毛或疏被白色硬毛，背面沿脉被黄色曲柔毛；小叶近无柄。圆锥花序生于二年生枝上，先叶开花；花序轴与分枝具窄翅状锐棱；雄花与两性花异株，无花冠，无花萼；雄花花梗细，长3～5 mm，两性花花梗细长。翅果长圆形或倒圆状披针形，长3～3.5 cm，宽6～9 mm，中部最宽，先端钝圆、平截或微凹，翅下延至坚果基部，扭曲。花期4～6月，果期8～9月。

【分布与习性】西吉县平峰镇、扫竹岭林场有栽培。喜光，喜湿润、肥沃土壤。以播种繁殖为主，也可用白蜡树作为砧木嫁接繁殖。

【用途】优良的绿化、美化树种，用材林树种。

美国红梣 | *Fraxinus pennsylvanica*

科属：木樨科 Oleaceae　梣属 *Fraxinus*　别名：洋白蜡

【形态特征】落叶乔木。小枝红棕色，圆柱形，被黄色柔毛或无毛。羽状复叶长18～40 cm；叶轴密被灰黄色柔毛；小叶7～9，薄革质，长圆状披针形或椭圆形，长4～13 cm，先端渐尖或尖，基部宽楔形，具不明显钝齿或近全缘，正面无毛，背面疏被绢毛；小叶近无柄。圆锥花序生于二年生枝上；雄花与两性花异株，与叶同放；花梗纤细，被柔毛；具花萼，无花冠。翅果窄倒披针形，长3～5 cm，宽4～7 mm，中上部最宽，先端钝圆或具短尖头，翅下延至坚果中部。花期4月，果期8～10月。

【分布与习性】西吉县各乡镇均有栽培。适应性强，抗病虫害，喜深厚、肥沃、湿润的土壤。播种繁殖。

【用途】北方重要的农田防护林树种，绿化、美化树种。

水 蜡 | *Ligustrum obtusifolium*

科属： 木樨科 Oleaceae 女贞属 *Ligustrum*   **别名：** 辽东水蜡

【形态特征】落叶多分枝灌木。小枝被微柔毛或柔毛。叶长椭圆形或倒卵状长椭圆形，长1.5~6 cm，基部楔形，两面无毛；叶柄长1~2 mm，无毛或被柔毛。花序轴、花梗、花萼均被柔毛；花梗长不及2 mm；花萼长1.5~2 mm；花冠长0.6~1 cm，花冠筒比花冠裂片长1.5~2.5倍；雄蕊长达花冠裂片中部。果实近球形或宽椭圆形，长5~8 mm，成熟时紫黑色。花期5~6月，果期8~10月。

【分布与习性】西吉县吉强镇、兴平乡引进栽培。适应性强，耐寒，喜光，稍耐阴，对土壤要求不严。播种、扦插繁殖。

【用途】耐修剪，易整形，常植于草坪或花坛中。

紫丁香 | *Syringa oblata*

科属：木樨科 Oleaceae　丁香属 *Syringa*　别名：华北紫丁香

【形态特征】灌木或小乔木。小枝、花序轴、花梗、苞片、花萼、幼叶两面及叶柄均密被腺毛。叶革质或厚纸质，卵圆形或肾形，长2~14 cm，宽2~15 cm，先端短凸尖或长渐尖，基部心形、平截或宽楔形；叶柄长1~3 cm。圆锥花序直立，由侧芽抽生；花梗长0.5~3 mm；花萼长约3 mm；花冠紫色，花冠筒圆柱形，长0.8~1.7 cm，裂片直角开展，长3~6 mm；花药黄色，位于花冠筒喉部。果实卵圆形或长椭圆形，长1~1.5（2）cm，顶端长渐尖，几无皮孔。花期4~5月，果期6~10月。

【分布与习性】西吉县吉强镇、扫竹岭林场有分布。生于山坡丛林、山沟溪边、山谷路旁及滩地水边。适应性强，对土壤要求不严，喜光，耐寒，耐旱，耐瘠薄。播种、扦插、压条、嫁接、分株均可繁殖。

【用途】优良的水土保持树种和园林绿化树种。

附：西吉县还栽培有本种变种白丁香 *Syringa oblata* var. *alba*，其特点为花白色，叶较小，基部通常为截形、圆楔形至近圆形，或近心形。

紫丁香

白丁香

花叶丁香 | *Syringa × persica*

科属：木樨科 Oleaceae　　丁香属 *Syringa*　　别名：波斯丁香

【形态特征】小灌木，高1~2m，有时可达3m。枝细弱，开展，直立或稍弓曲，灰棕色，无毛，具皮孔，小枝无毛。叶披针形或卵状披针形，长1.5~6cm，宽0.8~2cm，先端渐尖或锐尖，基部楔形，全缘，稀具1~2小裂片，无毛；叶柄长0.5~1.3cm，无毛。花序由侧芽抽生，长3~10cm，通常多对排列在枝条上部呈顶生圆锥花序状；花序轴无毛，具皮孔；花梗长1.5~3mm，无毛；花芳香；花萼无毛，长约2mm，具浅而锐尖的齿，或萼齿呈三角形；花冠淡紫色，花冠管细弱，近圆柱形，长0.6~1cm，花冠裂片呈直角开展，宽卵形、卵形或椭圆形，长4~7mm，兜状，先端尖或钝；花药小，不孕，淡黄绿色，着生于花冠管喉部之下。花期5月。

【分布与习性】西吉县吉强镇、兴平乡有栽培。喜阳，喜温暖、湿润，但也耐寒，耐旱。播种或扦插繁殖。

【用途】庭园观赏树种。花芳香，可提取芳香油。

小叶巧玲花 | *Syringa pubescens* subsp. *microphylla*

科属：木樨科 Oleaceae　　丁香属 *Syringa*　　别名：小叶丁香

【形态特征】灌木，高1~4m；树皮灰褐色。小枝、花序轴近圆柱形，连同花梗、花萼呈紫色，被微柔毛或短柔毛，稀密被短柔毛或近无毛。叶卵形、椭圆状卵形至披针形或近圆形、倒卵形，背面疏被或密被短柔毛、柔毛或近无毛。花冠紫红色，盛开时外面淡紫红色，内带白色，长0.8~1.7cm，花冠管近圆柱形，长0.6~1.3cm，裂片长2~4mm；花药紫色或紫黑色，着生于距花冠管喉部0~3mm处。栽培的树种每年开花2次，第一次春季，第二次8~9月，故称四季丁香。花期5~6月，果期7~9月。

【分布与习性】西吉县土石山区均有分布。生于山坡灌丛或疏林，山谷林下、林缘或河边，山顶草地或石缝间。喜光，不耐盐碱。播种繁殖。

【用途】可驯化栽培，用于公园、庭院、居民区绿化、美化，也宜丛植于草坪或花坛中。

附：西吉县还分布有黄药小叶巧玲花 *Syringa pubescens* subsp. *microphylla* var. *flavoanthera*，其与小叶巧玲花的区别在于花为白色，花药为黄色。

小叶巧玲花

小叶巧玲花

黄药小叶巧玲花

暴马丁香 | *Syringa reticulata* subsp. *amurensis*

科属： 木樨科 Oleaceae　丁香属 *Syringa*　**别名：** 暴马子、荷花丁香

【形态特征】落叶小乔木或大乔木，高4~10m，最高可达15m，具直立或开展枝条；树皮紫灰褐色，具细裂纹。枝灰褐色，无毛，当年生枝绿色或略带紫晕，无毛，疏生皮孔，二年生枝棕褐色，光亮，无毛，具较密皮孔。叶厚纸质，宽卵形、卵形至椭圆状卵形，或长圆状披针形，长2.5~13cm，宽1~6（8）cm。圆锥花序由1对到多对着生于同一枝条上的侧芽抽生，长10~20（27）cm，宽8~20cm；花冠白色，呈辐状，长4~5mm，花冠管长约1.5mm，裂片卵形，长2~3mm，先端锐尖；花丝与花冠裂片近等长或长于裂片，可达1.5mm，花药黄色。果实长椭圆形，长1.5~2（2.5）cm，先端常钝，或锐尖、凸尖，光滑或具细小皮孔。花期6~7月，果期8~10月。

【分布与习性】主要分布在西吉县扫竹岭林场，城区各公园有栽培。生于山坡灌丛或针叶、阔叶混交林中。喜光，耐寒，耐旱，耐瘠薄，喜肥沃、排水良好的土壤。播种繁殖。

【用途】著名的观赏树种。树皮、树干及茎、枝入药。

欧丁香 | *Syringa vulgaris*

科属： 木樨科 Oleaceae　丁香属 *Syringa*

【形态特征】灌木或小乔木。小枝、叶柄、叶两面、花序轴、花梗和花萼均无毛，或具腺毛，老时脱落。叶卵形、宽卵形或长卵形，长3～13 cm，宽2～9 cm，先端渐尖，基部平截、宽楔形或心形；叶柄长1～3 cm。圆锥花序近直立，由侧芽抽生；花芳香；萼齿锐尖或短渐尖；花冠紫色或淡紫色，花冠筒细弱，近圆柱形，长0.6～1 cm，裂片直角开展；花药黄色，位于花冠筒喉部。果实卵形或长椭圆形，长1～2 cm，先端渐尖或骤凸，光滑，无皮孔。花期4～5月，果期6～7月。

【分布与习性】西吉县吉强镇、火石寨乡有栽培。耐旱，耐寒，适应性强。以播种、扦插繁殖为主，也可嫁接、压条和分株繁殖。

【用途】庭院美化树种。花可提取芳香油。

灰楸 | *Catalpa fargesii*

科属： 紫葳科 Bignoniaceae　梓属 *Catalpa*

【形态特征】乔木，高可达25 m。幼枝、花序、叶柄均被分枝毛。叶厚纸质，卵形或三角状心形，长13~20 cm，宽10~13 cm，先端渐尖，基部平截或微心形，侧脉4~5对，基部3出，幼叶正面微被分枝毛，背面较密，后脱落无毛；叶柄长3~10 cm。伞房状总状花序顶生，有花7~15朵；花萼2裂达基部，裂片卵圆形；花冠淡红色或淡紫色，内面具紫色斑点，钟状，长约3.2 cm；雄蕊2，内藏，退化雄蕊3，药室叉开，长3~4 mm；花柱丝形，长约2.5 cm，柱头2裂。蒴果细圆柱形，下垂，长55~80 cm，果片革质，2裂；种子椭圆状线形，薄膜质，两端具丝毛，连毛长5~6 cm。花期3~5月，果期6~11月。

【分布与习性】西吉县海西公路两旁有栽培。喜光，喜温暖、湿润气候。播种繁殖。

【用途】园林绿化树种。

梓 | *Catalpa ovata*

科属： 紫葳科 Bignoniaceae　梓属 *Catalpa*　**别名：** 梓树、木角豆

【形态特征】落叶乔木，高约6 m。嫩枝无毛或具长柔毛。叶对生，有时轮生，宽卵形或近圆形，长10～25 cm，宽7～25 cm，先端常3～5浅裂，基部圆形或心形，正面尤其是叶脉上疏生长柔毛；叶柄长6～18 cm，幼时有长柔毛。花多数组成圆锥花序，花序梗稍有毛，长10～25 cm；花冠淡黄色，内有黄色线纹和紫色斑点，长约2 cm。蒴果长20～30 cm，宽4～7 mm，幼时疏生长柔毛；种子长椭圆形，长8～10 mm，宽约3 mm，两端生长毛。

【分布与习性】西吉县海西公路两旁有栽培。喜光，喜温暖、湿润气候。播种繁殖。

【用途】优良的行道树，庭院、公园观赏树种。

黄金树 | *Catalpa speciosa*

科属：紫葳科 Bignoniaceae　　梓属 *Catalpa*　　别名：白花梓树

【形态特征】乔木，高6~10m；树冠伞状。叶卵心形至卵状长圆形，长15~30cm，顶端长渐尖，基部截形至浅心形，正面亮绿色，无毛，背面密被短柔毛；叶柄长10~15cm。圆锥花序顶生，有少数花，长约15cm；苞片2，线形，长3~4mm；花萼2裂，裂片2，舟状，无毛；花冠白色，喉部有2黄色条纹及紫色细斑点，长4~5cm，口部直径4~6cm，裂片开展。蒴果圆柱形，黑色，长30~55cm，宽10~20mm，2瓣裂；种子椭圆形，长25~35mm，宽6~10mm，两端有极细的白色丝状毛。花期5~6月，果期8~9月。

【分布与习性】西吉县有栽培。喜光，喜温暖、湿润气候。播种繁殖。

【用途】优良的行道树，庭院、公园观赏树种。

金叶莸 | *Caryopteris* × *clandonensis* 'Worcester Gold'
原所在科：马鞭草科 Verbenaceae

科属： 唇形科 Lamiaceae　莸属 *Caryopteris*

【形态特征】落叶灌木，高1 m。枝条灰白色或灰褐色。单叶对生，叶长卵形、条状披针形，正面光滑，背面具银色毛；从展叶初期到落叶终期，从基部到上部，叶片始终为金黄色。当年生枝条上部顶生或腋生聚伞花序，花萼钟状，先端5裂；花冠蓝紫色，高脚碟状。果实近球形，成熟时裂为4个小坚果，小坚果矩圆状扁三棱形。花期7～9月，果期9～10月。

【分布与习性】西吉县永清湖公园、滨河路有栽植。耐瘠薄，萌蘖力强，耐寒，喜光，也耐半阴，在 −20℃以上的条件下能够安全越冬。

【用途】用于园林造景，道路、公园、庭院绿化等。

蒙古莸 | *Caryopteris mongholica*
原所在科：马鞭草科 Verbenaceae

科属：唇形科 Lamiaceae　莸属 *Caryopteris*　**别名**：兰花茶

【形态特征】落叶小灌木，常自基部分枝，高0.3~1.5 m。幼枝被柔毛，后脱落。叶线状披针形或线状长圆形，长0.8~4 cm，全缘，稀具齿，背面密被灰白色绒毛；叶柄长约3 mm。聚伞花序腋生，无苞片及小苞片；花萼钟状，长约3 mm，密被灰白色绒毛，5深裂，裂片线形或线状披针形，长约1.5 mm；花冠蓝紫色，长1~1.5 cm，被短毛，下唇中裂片边缘流苏状，花冠筒长约5 mm，喉部被长柔毛；雄蕊近等长；子房无毛。蒴果椭圆状球形，果瓣具翅。花果期8~10月。

【分布与习性】分布于西吉县将台堡镇。生于干旱坡地。喜光，耐旱，耐寒，对土壤要求不严，能够在降水量200 mm以下地区自然生长。

【用途】全株入药，花及叶可提取芳香油；又可栽培供观赏。

圆头蒿 | *Artemisia sphaerocephala*

科属：菊科 Asteraceae　蒿属 *Artemisia*　别名：白沙蒿

【形态特征】小灌木，高60~100 cm。主根粗长，垂直，侧根多。茎直立，单一或丛生。老枝灰白色，幼枝淡黄色或黄褐色，具纵棱，无毛。叶在短枝上密集呈簇生状；茎中部叶宽卵形或卵圆形，二回羽状全裂，每侧裂片2~3，中部裂片最长，再3全裂，小裂片线形或镰形，稍肥厚，先端具小硬尖头，基部半抱茎，常有线形假托叶；茎上部叶羽状分裂或3全裂；苞叶线形，不分裂，稀3全裂。头状花序球形或近球形，直径3~4 mm，在枝上排列成总状花序或复总状花序，在茎顶再组成大型、开展的圆锥花序；总苞片3~4层，边花雌性，4~10朵，花冠狭管状，顶端2齿裂；两性花6~20朵，花冠管状，不育。瘦果小，卵状椭圆形。花果期8~10月。

【分布与习性】零星分布于西吉县偏城乡。生于干旱荒坡。耐沙埋，抗风蚀，耐瘠薄，耐寒，耐旱。播种繁殖。

【用途】水土保持和防风固沙树种。

中亚紫菀木 | *Asterothamnus centraliasiaticus*

科属：菊科 Asteraceae　紫菀木属 *Asterothamnus*

【形态特征】多分枝亚灌木，高40 cm；全株被蛛丝状绒毛。茎簇生，下部多分枝，上部有花序枝。叶较密集，长圆状线形或近线形，长1.2（0.8）~1.5 cm。头状花序长0.8~1 cm，直径约1 cm，在茎枝顶端排成疏散伞房状，花序梗较粗；总苞宽倒卵形，长6~7 mm，总苞片3~4层，外层卵圆形或披针形，内层长圆形，先端渐尖或稍钝，紫红色，背面中脉紫红色或褐色，具白色宽膜质边缘；外围有舌状花，舌片淡紫色；中央两性花花冠管状，黄色，檐部钟状，有披针形裂片。瘦果长圆形，稍扁，被白色长伏毛；冠毛白色，糙毛状。花果期7~9月。

【分布与习性】分布于西吉县白崖乡、沙沟乡。生于草地或荒漠。耐旱，抗风蚀。

【用途】水土保持植物，良好的家畜饲料。

蝟 实 | *Kolkwitzia amabilis*

科属：忍冬科 Caprifoliaceae　蝟实属 *Kolkwitzia*　　**别名**：美人木、猬实

【形态特征】 落叶多分枝灌木，高可达3m。冬芽具数对被柔毛鳞片。幼枝红褐色，被柔毛及糙毛，老枝无毛，茎皮剥落。叶对生，椭圆形或卵状椭圆形，长3~8cm，全缘，稀有浅齿，两面疏生短毛，脉和叶缘密被直柔毛和睫毛；叶柄长1~2mm，无托叶。聚伞花序伞房状，顶生或腋生于具叶侧枝之顶，总花梗长1~1.5cm；花几无梗；苞片2，披针形，紧贴花基部；萼筒密被刚毛，上部缢缩成颈，5裂，裂片钻状披针形，有柔毛；花冠淡红色，钟状，长1.5~2.5cm，5裂，裂片开展，被柔毛，2裂片稍宽短，内有黄色斑纹；雄蕊4，子房3室，1室发育，1胚珠，花柱有软毛，柱头圆，不伸出冠筒。2瘦果状核果合生，密被黄色刺刚毛，顶端角状，萼齿宿存。花期5~6月，果期8~9月。

【分布与习性】 西吉县火石寨乡有栽培。耐寒，耐旱，在相对湿度过大、雨量多的地方常生长不良，易患病虫害。播种和扦插繁殖。

【用途】 园林美化和观赏树种。

金花忍冬 | *Lonicera chrysantha*

科属： 忍冬科 Caprifoliaceae　忍冬属 *Lonicera*　**别名：** 黄花忍冬

【形态特征】落叶灌木。幼枝、叶柄和总花梗常被开展糙毛、微糙毛和腺。冬芽具鳞片5~6对，疏生柔毛，有白色长睫毛。叶纸质，菱状卵形、菱状披针形、倒卵形或卵状披针形，长4~8（12）cm，先端渐尖或尾尖，两面脉被糙伏毛，中脉毛较密，有缘毛；叶柄长4~7 mm。总花梗细，长1.5~3（4）cm；苞片线形或窄线状披针形，长2.5（8）mm，常高出萼筒；小苞片分离，长约1 mm，为萼筒1/3~2/3；相邻两萼筒分离，长2~2.5 mm，常无毛而具腺，萼齿卵圆形、半圆形或卵形；花冠白色至黄色，长1（0.8）~1.5（2）cm，外面疏生糙毛，唇形，唇瓣长于冠筒2~3倍，冠筒内有柔毛，基部有深囊或囊不明显；雄蕊和花柱短于花冠，花丝中部以下有密毛；花柱被柔毛。果实成熟时红色，圆形，直径约5 mm。花期5~6月，果期7~9月。

【分布与习性】分布在西吉县扫竹岭林场、大寨山林场。生于沟谷、林下或林缘灌丛中。喜光，耐旱，耐瘠薄，适应性强。播种或扦插繁殖。

【用途】园林绿化和水土保持树种。

葱皮忍冬 | *Lonicera ferdinandi*

科属：忍冬科 Caprifoliaceae　忍冬属 *Lonicera*　**别名：**大葱皮木、千层皮

【形态特征】落叶灌木，高1~1.5 m。幼枝灰绿色，密生粗毛，老枝黑褐色，条状剥落，壮枝的叶柄间具盘状托叶。叶对生，卵形或卵状矩圆形，长2~8.5 cm，宽1~4.5 cm，先端渐尖或长渐尖，基部圆形或微心形，上面绿色，被平伏柔毛，背面浅绿色，被硬毛，沿脉较密，边缘具缘毛；叶柄长2~5 mm，密被硬毛。花对生于幼枝上部叶腋，总花梗短，长约2 mm，密被硬毛；苞片卵形，长约1 cm，宽6~7 mm，具缘毛，小苞片合生成壶状花杯，完全包围子房，厚革质，外面被毛，里面无毛；相邻的两花萼分离，萼齿小，三角形，被毛；花冠黄色，长约2 cm，外面疏被柔毛及少数硬长毛，唇片与花冠筒近等长，花冠筒基部膨大呈囊状，上唇4裂，裂片椭圆形，长约2 mm，先端圆；雄蕊5，与花冠近等长；花柱被毛，伸出花冠。浆果红色，外包开裂的花杯。花期6月，果期7~8月。

【分布与习性】广泛分布在西吉县土石山区。生于向阳山坡林中或林缘灌丛中。适应性强，喜土层较厚的沙质壤土。播种、插条和分根繁殖。

【用途】园林绿化和水土保持树种。

忍 冬 | *Lonicera japonica*

科属：忍冬科 Caprifoliaceae　忍冬属 *Lonicera*　别名：金银花

【形态特征】半常绿藤本。幼枝暗红褐色，密被硬直糙毛、腺毛和柔毛，下部常无毛。叶纸质，卵形或长圆状卵形，有时卵状披针形，稀卵圆形或倒卵形，极少有1至数个钝缺刻，长3～5（9.5）cm，基部圆形或近心形，有糙缘毛，背面淡绿色，小枝上部叶两面均密被糙毛，下部叶常无毛，背面多少带青灰色；叶柄长4～8 mm，密被柔毛。总花梗常单生于小枝上部叶腋，与叶柄等长或较短，下方者长2～4 cm，密被柔毛，兼有腺毛；苞片卵形或椭圆形，长2～3 cm，两面均有柔毛或近无毛；小苞片先端圆或平截，长约1 mm，有糙毛和腺毛；萼筒长约2 mm，无毛，萼齿卵状三角形或长三角形，有长毛，外面和边缘有密毛；花冠白色，后黄色，长3（2）～4.5（6）cm，唇形，花冠筒稍长于唇瓣，被倒生糙毛和长腺毛，上唇裂片先端钝，下唇带状反曲；雄蕊和花柱高出花冠。果实圆形，直径6～7 mm，成熟时蓝黑色。花期4～6月（秋季常开花），果期10～11月。

【分布与习性】西吉县吉强镇有栽培。适应性很强，喜阳，耐阴，耐寒性强，也耐干旱和水湿，对土壤要求不严。播种或扦插繁殖。

【用途】垂直绿化、观赏树木。花蕾入药。

蓝叶忍冬 | *Lonicera korolkowi*

科属： 忍冬科 Caprifoliaceae　忍冬属 *Lonicera*

【形态特征】落叶灌木，高2~3 m，冠幅2.5 m。茎直立、丛生，枝条紧密，幼枝中空，皮光滑无毛，常紫红色，老枝的皮灰褐色。单叶对生，偶有3叶轮生，卵形或椭圆形，全缘，近革质，蓝绿色。花粉红色，对生于叶腋，形似蝴蝶，芳香，花朵盛开时向上翻卷，状似飞燕。浆果红色。花期4~5月，新生枝开花期7~8月；果期9~10月。

【分布与习性】西吉县吉强镇、兴隆镇有栽培。适应性强，喜光，耐半阴，耐旱，耐寒。播种或扦插繁殖。

【用途】园林绿化和水土保持树种。

金银忍冬 | *Lonicera maackii*

科属： 忍冬科 Caprifoliaceae　　忍冬属 *Lonicera*　　**别名：** 金银木

【形态特征】落叶灌木。茎干直径可达10 cm。幼枝、叶两面脉、叶柄、苞片、小苞片及萼檐外面均被柔毛和微腺毛。冬芽小，卵圆形，有5～6对或更多鳞片。叶纸质，卵状椭圆形或卵状披针形，稀长圆状披针形、倒卵状长圆形、菱状长圆形或卵圆形，长5～8 cm，先端渐尖或长渐尖；叶柄长2～5（8）mm。花芳香，生于幼枝叶腋，总花梗长1～2 mm，短于叶柄；苞片线形，有时线状倒披针形，长3～4 mm；小苞片绿色，多少连合成对，长为萼筒的1/2至几相等，先端平截；相邻两萼筒分离，长约2 mm，无毛或疏生微腺毛，萼檐钟状，长为萼筒2/3至相等，干膜质，萼齿5，宽三角形或披针形，裂隙约达萼檐之半；花冠先白色后黄色，长2（1）cm，外被短伏毛或无毛，唇形，冠筒长约为唇瓣的1/2，内被柔毛；雄蕊与花柱长约为花冠的2/3，花丝中部以下和花柱均有向上柔毛。果实成熟时暗红色，圆形，直径5～6 mm。花期5～6月，果期8～10月。

【分布与习性】西吉县各乡镇均有栽培。适应性强，喜光，耐半阴，耐旱，耐寒。播种或扦插繁殖。

【用途】园林绿化和水土保持树种。

小叶忍冬 | *Lonicera microphylla*

科属：忍冬科 Caprifoliaceae　　忍冬属 *Lonicera*　　别名：瘤基忍冬

【形态特征】落叶灌木。幼枝无毛或疏被柔毛。叶纸质，倒卵形、倒卵状椭圆形、椭圆形或长圆形，稀倒披针形，长0.5~2.2cm，具柔毛状缘毛，两面被伏柔毛或近无毛，背面常带灰白色，下半部脉腋常有趾蹼状鳞腺；叶柄短。总花梗成对生于幼枝下部叶腋，长0.5~1.2cm；苞片钻形，长稍过萼檐或为萼筒2倍。相邻两萼筒几全部合生，无毛，萼檐环状或浅波状；花冠黄色或白色，长0.7~1（1.4）cm，外面疏生糙毛或无毛，唇形，唇瓣约与基部一侧具囊花冠筒等长，上唇裂片直立，长圆形，下唇裂片反曲；雄蕊着生于唇瓣基部，与花柱均稍伸出，花丝有极疏糙毛；花柱有糙毛。果实成熟时红色或橙黄色，圆形，直径5~6mm。花期5~6（7）月，果期7~8（9）月。

【分布与习性】分布于西吉县扫竹岭林场、火石寨自然保护区。生于干旱多石山坡、草地。耐寒，较耐阴，喜湿润气候。扦插、压条、播种繁殖。

【用途】园林绿化、美化树种。

下江忍冬 | *Lonicera modesta*

科属： 忍冬科 Caprifoliaceae　　忍冬属 *Lonicera*　　**别名：** 短梗忍冬

【形态特征】落叶灌木，高可达3 m；小枝、叶柄和叶面初时疏生柔毛，后无毛。冬芽外鳞片4~6对，顶尖，背面有脊，宿存，内鳞片约2对，增大。叶厚纸质，椭圆状卵形、椭圆形至椭圆状矩圆形，长4~8.5 cm，背面疏生长柔毛，中脉毛较密；叶柄长3~5 mm。总花梗长约等于叶柄或略长，有疏柔毛或几无毛；苞片钻形，长约等于萼筒，有缘毛；杯状小苞长约为萼筒的1/3，2裂，有缘毛；相邻两萼筒合生，萼齿条状披针形，有缘毛，长约与萼筒相等；花冠淡黄色，唇形，长约12 mm，花冠筒基部被伏毛，一侧稍隆起，内面密生柔毛，唇瓣长为花冠筒的2倍，上唇裂片短，卵形；雄蕊和花柱短于花冠，花丝无毛；花柱有伏毛。果实红色，近圆形或卵圆形，长约8 mm；种子3~4粒，淡黄褐色，近圆形，扁，长6 mm，有细点。花期6月，果熟期8~9月。

【分布与习性】分布于西吉县扫竹岭林场。根系发达，生根力强，对土壤要求不严，酸性、盐碱地均能生长。播种、插条和分根繁殖。

【用途】园林美化和观赏树种。

红脉忍冬 | *Lonicera nervosa*

科属： 忍冬科 Caprifoliaceae　忍冬属 *Lonicera*

【形态特征】落叶灌木，高可达3m。叶纸质，初发时带红色，椭圆形至卵状矩圆形，长2.5~6cm，两端尖，上面中脉、侧脉和细脉均带紫红色，两面均无毛或有时正面被肉眼难见的微糙毛或微腺；叶柄长3~5mm。总花梗长约1cm；苞片钻形；杯状小苞片长约为萼筒之半，有时分裂成2对，具缘毛或无毛；相邻两萼筒分离，萼齿小，三角状钻形，具腺缘毛；花冠先白色后变黄色，长约1cm，外面无毛，内面基部密被短柔毛，筒略短于裂片，基部具囊；雄蕊约与花冠上唇等长；花柱端部具短柔毛。果实黑色，圆形，直径5~6mm。花期6~7月，果熟期8~9月。

【分布与习性】分布于西吉县火石寨乡。生于林下灌丛中。耐寒，稍耐阴，耐旱，对土壤要求不严。播种或扦插繁殖。

【用途】水土保持和观赏树种。

红花岩生忍冬 | *Lonicera rupicola* var. *syringantha*

科属：忍冬科 Caprifoliaceae　　忍冬属 *Lonicera*　　**别名**：红花忍冬

【形态特征】落叶灌木，高1.5～2.5 m，在高海拔地区有时仅10～20 cm，幼枝和叶柄近无毛；小枝纤细，叶脱落后小枝顶常呈针刺状，有时伸长而平卧。叶纸质，3（4）枚轮生，很少对生，条状披针形、矩圆状披针形至矩圆形，长0.5～3.7 cm，顶端尖或稍具小凸尖或钝，基部楔形至圆形或近截形，两侧不等，正面无毛或有微腺毛，背面灰白色，无毛。花生于幼枝基部叶腋，芳香，总花梗极短；相邻两萼筒分离，长约2 mm，无毛，萼齿狭披针形，长2.5～3 mm，长超过萼筒，裂隙高低不齐；花冠淡紫色或紫红色，筒状钟形，长10（8）～15 mm，外面常被微柔毛和微腺毛，筒长为裂片的1.5～2倍，内面尤其是上端有柔毛，裂片卵形，长3～4 mm，为筒长的1/2～2/5，开展；花药达花冠筒的上部；花柱高达花冠筒之半，无毛。果实红色，椭圆形，长约8 mm；种子淡褐色，矩圆形，扁，长4 mm。花期5～8月，果熟期8～10月。

【分布与习性】分布于西吉县火石寨乡。生于山坡灌丛中。耐寒性强，耐阴，耐旱，萌蘖力强。播种、插条繁殖。

【用途】水土保持和观赏树种。

唐古特忍冬 | *Lonicera tangutica*

科属：忍冬科 Caprifoliaceae　　忍冬属 *Lonicera*　　**别名**：陇塞忍冬

【形态特征】落叶灌木，高可达2m。叶倒卵形、椭圆形至倒卵状矩圆形，长1～4（5）cm，边缘常具睫毛。总花梗通常细长、下垂，长1.5～3cm；相邻两萼筒2/3以上至全部合生；花冠黄白色或略带粉色，筒状漏斗形至半钟状，长10～12mm，裂片5，直立，基部具浅囊或无，外无毛，稀疏生柔毛，里面生柔毛；雄蕊5，着生于花冠筒中部，花药达花冠裂片基部至稍伸出花冠外；花柱伸出花冠外。浆果红色，直径6～7mm。花期5～6月，果熟期7～8月。

【分布与习性】主要分布在西吉县扫竹岭林场。生于灌丛中。耐寒，较耐阴，喜湿润。扦插、压条、播种繁殖。

【用途】园林绿化和水土保持树种。

华西忍冬 | *Lonicera webbiana*

科属：忍冬科 Caprifoliaceae　　忍冬属 *Lonicera*　　别名：异叶忍冬、川西忍冬

【形态特征】落叶灌木，高3~4m。幼枝常秃净或散生红色腺，老枝具深色圆形小凸起。冬芽外鳞片约5对，内鳞片反曲。叶纸质，卵状椭圆形至卵状披针形，长4~9（18）cm，顶端渐尖或长渐尖，基部圆形或微心形或宽楔形，边缘常不规则波状起伏或有浅圆裂，有睫毛，两面有或疏或密的糙毛及疏腺。总花梗长2.5~5（6.2）cm；苞片条形，长2（1）~5mm；小苞片甚小，分离，卵形至矩圆形，长1mm以下；相邻两萼筒分离，无毛或有腺毛，萼齿微小，顶端钝、波状或尖；花冠紫红色或绛红色，很少白色或由白色变黄色，长1cm左右，唇形，外面有疏短柔毛和腺毛或无毛，花冠筒甚短，基部较细，具浅囊，向上突然扩张，上唇直立，具圆裂，下唇比上唇长1/3，反曲；雄蕊长约等于花冠，花丝和花柱下半部有柔毛。果实先红色后转黑色，圆形，直径约1cm；种子椭圆形，长5~6mm，有细凹点。花期5~6月，果熟期8月中旬至9月。

【分布与习性】分布于西吉县火石寨乡。生于针叶、阔叶混交林或山坡灌丛中。播种或扦插繁殖。

【用途】水土保持和观赏树种。

红王子锦带花 | *Weigela florida* 'Red Prince'

科属： 忍冬科 Caprifoliaceae   锦带花属 *Weigela*

【形态特征】落叶丛生灌木。枝条开展呈拱形，嫩枝淡红色，老枝灰褐色，幼时具2列柔毛。单叶，对生，叶椭圆形或卵状椭圆形，先端锐尖，基部圆形至楔形，边有锯齿，正面脉上有毛。花1~4朵组成聚伞花序，生于叶腋或枝顶，披针形，下部合生；花冠漏斗状钟形，鲜红色。蒴果柱形，种子无翅。花期5~9月，10月果熟，11月下旬落叶。

【分布与习性】西吉县吉强镇、兴平乡有栽培。喜光，稍耐阴，耐寒，耐旱，忌涝。扦插和压条繁殖。

【用途】园林观赏树种。

接骨木

Sambucus williamsii

原所在科：忍冬科 Caprifoliaceae

科属：五福花科 Adoxaceae　接骨木属 *Sambucus*

【形态特征】落叶灌木或小乔木，高可达6m。老枝有皮孔，髓部淡黄棕色。单数羽状复叶；小叶5（3）~7（11），椭圆形至矩圆状披针形，长5~12cm，顶端尖至渐尖，基部常不对称，边有锯齿，揉碎后有臭味。圆锥花序顶生，长可达7cm，花序轴及各级分枝均无毛；花小，白色至淡黄色；萼筒杯状，长约1mm，萼齿三角状披针形，稍短于萼筒；花冠辐状，裂片5，长约2mm；雄蕊5，约与花冠等长。浆果状核果近球形，直径3~5mm，黑紫色或红色；核2~3，卵形至椭圆形，长2.5~3.5mm，略有皱纹。花期一般4~5月，果熟期9~10月。

【分布与习性】西吉县火石寨乡有栽培。适应性较强，喜光，亦耐阴，较耐寒，耐旱，根系发达，萌蘖力强。播种、扦插、分株繁殖。

【用途】园林美化和观赏树种。茎、枝入药。

桦叶荚蒾 *Viburnum betulifolium*

原所在科：忍冬科 Caprifoliaceae

科属：五福花科 Adoxaceae　荚蒾属 *Viburnum*　别名：阔叶荚蒾、卵叶荚蒾

【形态特征】落叶灌木或小乔木，高2~5 m。幼枝紫褐色。叶卵形、宽卵形至卵状矩圆形或近菱形，长4~13 cm，顶端尖至渐尖，边有牙齿，两面无毛或正面有叉毛，背面密生星状毛，近基部两侧有少数腺体；侧脉4~6对，直达齿端；叶柄长0.8~2.5 cm，有钻形托叶，有时托叶不明显。花序复伞状，直径5~11 cm，近无毛至密生星状毛；萼筒长约1.5 mm，具黄褐色腺点，萼檐具5微齿；花冠白色，长约3 mm，辐状，外面无毛或有星状毛；雄蕊5，稍长于花冠。核果近球形，直径6~7 mm，红色，核扁，有1~3条浅腹沟和2条深背沟。花期6~7月，果熟期9~10月。

【分布与习性】分布于西吉县火石寨乡。生于山谷林中或山坡灌丛中。播种繁殖。

【用途】园林绿化和观赏树种。

香荚蒾 | *Viburnum farreri*
原所在科：忍冬科 Caprifoliaceae

科属：五福花科 Adoxaceae　荚蒾属 *Viburnum*　别名：香探春、野绣球

【形态特征】落叶灌木。当年生小枝绿色，近无毛。冬芽有2~3对鳞片。叶纸质，椭圆形或菱状倒卵形，长4~8 cm，具三角形锯齿，幼时正面散生细毛，背面脉被微毛，后除脉腋集聚簇状柔毛外均无毛，侧脉5~7对，直达齿端，连同中脉上面凹陷；叶柄长1.5（1）~3 cm，幼时上面边缘被纤毛。圆锥花序长5 cm，多花，幼时稍被细毛，后无毛，先叶开花，芳香；苞片线状披针形，具缘毛；萼筒筒状倒圆锥形，长约2 mm，萼齿卵形，长约0.5 mm；花冠蕾时粉红色，开后白色，高脚碟状，直径约1 cm，花冠筒长0.7~1 cm，裂片5（4），长约4 mm，开展；雄蕊生于花冠筒中部以上。果实成熟时紫红色，长圆形，长0.8~1 cm；核扁，有1条深腹沟。花期4~5月。

【分布与习性】分布在西吉县土石山区。生于山谷林中。喜肥沃、疏松、排水良好的微酸性土壤。播种繁殖。

【用途】早春观花树种。

聚花荚蒾 | *Viburnum glomeratum*
原所在科：忍冬科 Caprifoliaceae

科属： 五福花科 Adoxaceae　荚蒾属 *Viburnum*

【形态特征】落叶灌木，高3～5m。幼枝有星状毛，老枝灰黑色。冬芽无鳞片。叶卵形至卵状椭圆形，稀宽卵形，长2～12cm，顶端尖，边有细齿，正面疏生、背面密生星状毛，侧脉5～7对，直达齿端，上面脉稍凹陷。花序直径2.5～10cm，总花梗长1～2.5cm；花多，生于2～3级辐射枝上；萼筒长约2.5mm，具星状毛，萼檐长约1mm，具5微齿；花冠白色，辐状，长3～4mm，花冠筒长1～1.5mm；雄蕊5，着生于近花冠筒基部，稍长于花冠。核果椭圆形，长约9mm，先红色，后转黑色；核扁，具2条浅背沟、3条浅腹沟。花期4～6月，果熟期7～9月。

【分布与习性】分布于西吉县火石寨乡。生于山谷灌丛中或草坡阴湿处。播种繁殖。

【用途】园林美化和观赏树种。

蒙古荚蒾 | *Viburnum mongolicum*
原所在科：忍冬科 Caprifoliaceae

科属：五福花科 Adoxaceae　荚蒾属 *Viburnum*

【形态特征】落叶灌木。幼枝、叶背面、叶柄及花序均被簇状短毛，二年生小枝黄白色，无毛。叶纸质，宽卵形或椭圆形，稀近圆形，长2.5~5（6）cm，先端尖或钝，有波状浅齿，齿顶具小突尖，正面被簇状或叉状毛，背面灰绿色；侧脉4~5对，近缘前分枝而互相网结，连同中脉上面略凹陷或不明显；叶柄长0.4~1 cm。聚伞花序，直径1.5~3.5 cm，具少花，总花梗长0.5~1.5 cm，第一级辐射枝5或较少；花大部生于第一级辐射枝上；萼筒长圆筒形，长3~5 mm，无毛，萼齿波状；花冠黄白色，筒状钟形，无毛，花冠筒长5~7 mm，裂片长约1.5 mm；雄蕊约与花冠等长。果成熟时红色，后黑色，椭圆形，长约1 cm；核扁，有2条浅背沟和3条浅腹沟。花期5月，果期9月。

【分布与习性】分布在西吉县土石山区。生于山坡疏林下。耐寒，耐旱，耐阴。播种繁殖。

【用途】园林绿化、美化树种。

鸡树条 *Viburnum opulus* subsp. *calvescens*

原所在科：忍冬科 Caprifoliaceae

科属：五福花科 Adoxaceae　荚蒾属 *Viburnum*　**别名**：天目琼花

【形态特征】灌木，高可达3m。老枝和茎暗灰色，具浅条裂。叶卵圆形至卵形，长6~12cm，通常3裂而具掌状3出脉，裂片有不规则粗齿，生于分枝上部的叶常椭圆形至矩圆状披针形，不裂；叶柄基部有2托叶，顶端有2~4腺体。花序复伞状，直径8~10cm，有白色、大型不孕花；萼筒长约1mm，5齿微小；花冠乳白色，辐状，长约3mm；雄蕊5，长于花冠，花药紫色。核果近球形，直径约8mm，红色；核扁圆形。花期6~8月，果期8~9月。

【分布与习性】分布于西吉县火石寨乡。生于山坡、林缘及杂木林中。播种繁殖。

【用途】园林绿化和观赏树种。

毛狭叶五加 | *Eleutherococcus wilsonii* var. *pilosulus*

科属：五加科 Araliaceae　五加属 *Eleutherococcus*　**别名：**毛叶红毛五加

【形态特征】灌木，高1~3m。枝灰色；小枝灰棕色，无毛或稍有毛，密生直刺，稀无刺。小叶5，稀3；叶柄长3~7cm，无毛，稀有细刺；小叶薄纸质，倒卵状长圆形，稀卵形，长2.5~6cm，宽1.5~2.5cm，先端尖或短渐尖，基部狭楔形，正面有糙毛，背面疏生或密生长柔毛；无小叶柄或几无小叶柄。伞形花序单生于枝顶，直径1.5~2cm，有花多数；总花梗粗短，长5~7mm，稀2cm，有时几无总花梗，无毛；花梗长5~7mm，无毛；花白色；花萼长约2mm，边缘近全缘，无毛；花瓣5，卵形，长约2mm；雄蕊5，花丝长约2mm；子房5室；花柱5，基部合生。果实球形，有5棱，黑色，直径8mm。花期6~7月，果期8~10月。

【分布与习性】分布于西吉县大寨山林场。生于灌丛或杂木林下。耐阴，耐瘠薄。播种繁殖。

【用途】水土保持树种。

狭叶五加 | *Eleutherococcus wilsonii*

科属：五加科 Araliaceae　　五加属 *Eleutherococcus*　　**别名**：阔叶太白山五加

【形态特征】灌木，高2~3m。小枝无毛或近无毛，无刺。小叶3~5；叶柄长3~7cm，无毛，无刺；小叶纸质，长圆状倒披针形，长6~10cm，宽1~3cm；小叶柄短，长2~4mm。伞形花序单生于枝顶，有花多数；总花梗长约5mm，花后延长至2cm；花萼无毛，边缘有5小齿；花瓣5，三角状卵形，长约1.2mm；雄蕊5；子房5室，稀3~4室；花柱5，稀3~4，仅基部合生。果实球形，有5棱，直径5~7mm；宿存花柱长约1.5mm，先端反曲。果期8~9月。

【分布与习性】分布在西吉县扫竹岭林场。生于灌丛中。喜阳，耐半阴，对土壤适应性很强，耐瘠薄，耐盐碱，耐寒性强。播种、分株、压条和扦插繁殖。

【用途】水土保持树种。

拉丁学名索引

A

Acer negundo / 213

Acer negundo 'Aureum' / 213

Acer pictum subsp. *mono* / 214

Acer platanoides 'Crimson King' / 215

Acer tataricum subsp. *ginnala* / 216

Acer truncatum / 217

Ailanthus altissima / 220

Ailanthus altissima 'Qiantou' / 220

Amorpha fruticosa / 070

Ampelopsis aconitifolia / 039

Aronia arbutifolia / 094

Artemisia sphaerocephala / 259

Asterothamnus centraliasiaticus / 260

B

Berberis amurensis / 022

Berberis brachypoda / 023

Berberis circumserrata / 024

Berberis dasystachya / 025

Berberis diaphana / 026

Berberis dubia / 027

Berberis thunbergii 'Atropurpurea' / 028

Betula albosinensis / 205

Betula platyphylla / 206

Buddleja alternifolia / 241

C

Caragana arborescens / 071

Caragana brachypoda / 072

Caragana kansuensis / 073

Caragana korshinskii / 074

Caragana licentiana / 075

Caragana liouana / 076

Caragana opulens / 077

Caragana purdomii / 078

Caragana roborovskyi / 079

Caragana rosea / 080

Caragana spinosa / 081

Caragana tibetica / 082

Caryopteris × *clandonensis* 'Worcester Gold' / 257

Caryopteris mongholica / 258

Catalpa fargesii / 254

Catalpa ovata / 255

Catalpa speciosa / 256

Cedrus deodara / 003

Chaenomeles speciosa / 095

Clematis brevicaudata / 029

Clematis macropetala / 030

Clematis nannophylla / 031

Clematis tangutica / 032

Corethrodendron multijugum / 083

Cornus alba / 232

Cornus bretschneideri / 233
Corylus heterophylla / 207
Corylus mandshurica / 208
Cotinus coggygria / 211
Cotoneaster acutifolius / 096
Cotoneaster acutifolius var. *villosulus* / 096
Cotoneaster adpressus / 097
Cotoneaster ambiguus / 098
Cotoneaster foveolatus / 099
Cotoneaster gracilis / 100
Cotoneaster horizontalis / 101
Cotoneaster multiflorus / 102
Cotoneaster silvestrii / 103
Cotoneaster soongoricus / 104
Cotoneaster submultiflorus / 105
Cotoneaster tenuipes / 106
Cotoneaster zabelii / 107
Crataegus kansuensis / 108
Crataegus maximowiczii / 109
Crataegus pinnatifida / 110
Crataegus pinnatifida var. *major* / 110

D

Daphne giraldii / 226
Deutzia grandiflora / 234
Dioscorea nipponica / 019

E

Elaeagnus angustifolia / 182
Elaeagnus umbellata / 183
Eleutherococcus wilsonii / 281
Eleutherococcus wilsonii var. *pilosulus* / 280

Ephedra intermedia / 001
Eucommia ulmoides / 238
Euonymus alatus / 042
Euonymus frigidus / 049
Euonymus giraldii / 043
Euonymus japonicus / 044
Euonymus maackii / 045
Euonymus nanoides / 046
Euonymus nanus / 047
Euonymus phellomanus / 048
Euonymus sanguineus / 050
Euonymus semenovii / 051
Euonymus verrucosus / 052

F

Fargesia spathacea / 021
Flueggea suffruticosa / 053
Forsythia suspensa / 243
Forsythia viridissima / 244
Fraxinus mandshurica / 245
Fraxinus pennsylvanica / 246

G

Ginkgo biloba / 002
Gleditsia japonica / 084

H

Hemiptelea davidii / 192
Hibiscus syriacus / 223
Hippophae rhamnoides / 184
Humulus lupulus / 201

Hydrangea xanthoneura / 235

I

Indigofera bungeana / 085

J

Juglans regia / 204
Juniperus chinensis / 012
Juniperus chinensis 'Kaizuca' / 012
Juniperus chinensis 'Pyramidalis' / 012
Juniperus procumbens / 011
Juniperus przewalskii / 014
Juniperus rigida / 015
Juniperus sabina / 016

K

Kalidium cuspidatum / 227
Kalidium foliatum / 228
Koelreuteria paniculata / 218
Kolkwitzia amabilis / 261
Krascheninnikovia ceratoides / 229

L

Larix gmelinii var. *principis-ruprechtii* / 004
Lespedeza bicolor / 086
Lespedeza floribunda / 087
Lespedeza juncea / 088
Ligustrum obtusifolium / 247
Lonicera chrysantha / 262
Lonicera ferdinandi / 263

Lonicera japonica / 264
Lonicera korolkowi / 265
Lonicera maackii / 266
Lonicera microphylla / 267
Lonicera modesta / 268
Lonicera nervosa / 269
Lonicera rupicola var. *syringantha* / 270
Lonicera tangutica / 271
Lonicera webbiana / 272
Lycium barbarum / 239
Lycium barbarum 'ningnongqi-9' / 239
Lycium chinense / 240

M

Malus 'American' / 111
Malus asiatica / 117
Malus baccata / 112
Malus kansuensis / 113
Malus mandshurica / 118
Malus × *micromalus* / 119
Malus × *micromalus* 'Ruby' / 111
Malus pumila / 114
Malus 'Radiant' / 111
Malus × *robusta* / 115
Malus toringoides / 120
Malus transitoria / 116
Morus alba / 202
Morus alba 'Tortuosa' / 202
Myricaria paniculata / 230

N

Neillia sinensis / 121

Nitraria sibirica / 210

O

Ostryopsis davidiana / 209

P

Padus avium / 122
Paeonia rockii / 033
Parthenocissus quinquefolia / 040
Periploca sepium / 242
Phellodendron amurense / 221
Philadelphus dasycalyx / 236
Philadelphus pekinensis / 237
Physocarpus amurensis / 124
Physocarpus opulifolius 'Purpurea' / 125
Picea crassifolia / 005
Picea wilsonii / 006
Pinus armandii / 007
Pinus bungeana / 008
Pinus sylvestris var. *mongolica* / 009
Pinus tabuliformis / 010
Platanus acerifolia / 034
Platycladus orientalis / 017
Populus alba / 054
Populus alba var. *pyramidalis* / 055
Populus × *canadensis* / 056
Populus cathayana / 057
Populus davidiana / 058
Populus × *hopeiensis* 'Xiji Qingpi' / 059
Populus simonii / 060

Potentilla fruticosa / 126
Potentilla glabra / 127
Prinsepia uniflora / 128
Prinsepia uniflora var. *serrata* / 128
Prunus armeniaca / 130
Prunus armeniaca 'Hong mei' / 130
Prunus cerasifera f. *atropurpurea* / 131
Prunus × *cistena* / 132
Prunus davidiana / 133
Prunus humilis / 134
Prunus mume var. *bungo* / 135
Prunus pedunculata / 136
Prunus persica / 137
Prunus persica 'Atropurpurea' / 137
Prunus persica 'Duplex' / 137
Prunus pseudocerasus / 139
Prunus salicina / 140
Prunus setulosa / 141
Prunus sibirica / 142
Prunus tomentosa / 143
Prunus triloba / 144
Prunus triloba f. *multiplex* / 144
Prunus virginiana / 123
Pyrus betulifolia / 146
Pyrus bretschneideri / 147
Pyrus bretschneideri 'Hongsu' / 147
Pyrus bretschneideri 'Huangguan' / 147
Pyrus bretschneideri 'Pingguo' / 147
Pyrus bretschneideri 'Zaosu' / 147
Pyrus communis / 150
Pyrus ussuriensis / 148
Pyrus xerophila / 149

Q

Quercus mongolica / 203

R

Rhamnus davurica / 185
Rhamnus erythroxylum / 186
Rhamnus globosa / 187
Rhamnus maximovicziana / 188
Rhamnus parvifolia / 189
Rhamnus utilis var. *szechuanensis* / 190
Rhus typhina / 212
Ribes glaciale / 035
Ribes himalense / 036
Ribes himalense var. *verruculosum* / 036
Ribes maximowiczianum / 037
Ribes pulchellum / 038
Robinia hispida / 089
Robinia pseudoacacia / 090
Robinia pseudoacacia f. *decaisneana* / 090
Robinia pseudoacacia f. *tortuosa* / 090
Rosa chinensis / 151
Rosa davidii / 165
Rosa davurica / 152
Rosa farreri / 166
Rosa hugonis / 153
Rosa omeiensis f. *pteracantha* / 154
Rosa primula / 155
Rosa rugosa / 156
Rosa sertata / 157
Rosa sertata f. *setissepalosa* / 157
Rosa setipoda / 159

Rosa sweginzowii / 160
Rosa sweginzowii var. *glandulosa* / 160
Rosa tsinglingensis / 164
Rosa xanthina / 162
Rosa xanthina var. *normalis* / 162
Rubus idaeus / 167
Rubus parvifolius / 168
Rubus parvifolius var. *adenochlamys* / 168
Rubus pileatus / 170
Rubus pungens / 171

S

Salix argyracea / 061
Salix × *aureo-pendula* / 068
Salix babylonica / 062
Salix cheilophila / 063
Salix integra 'Hakuro Nishiki' / 066
Salix matsudana / 064
Salix matsudana f. *tortuosa* / 064
Salix matsudana 'Pendula' / 064
Salix sinica / 067
Salix wallichiana / 069
Sambucus williamsii / 274
Smilax stans / 020
Sorbaria kirilowii / 172
Sorbus aucuparia / 173
Sorbus discolor / 174
Sorbus koehneana / 175
Spiraea aquilegiifolia / 176
Spiraea × *bumalda* 'Goalden Mound' / 177
Spiraea hirsuta / 178
Spiraea mongolica / 179
Spiraea pubescens / 180

Spiraea rosthornii / 181
Styphnolobium japonicum / 092
Styphnolobium japonicum 'Golden Stem' / 092
Styphnolobium japonicum 'Pendula' / 092
Syringa oblata / 248
Syringa oblata var. *alba* / 248
Syringa × *persica* / 249
Syringa pubescens subsp. *microphylla* / 250
Syringa pubescens subsp. *microphylla* var. *flavoanthera* / 250
Syringa reticulata subsp. *amurensis* / 252
Syringa vulgaris / 253

T

Tamarix chinensis / 231
Tamarix chinensis 'Lucheng-2' / 231
Tilia mongolica / 224
Tilia paucicostata / 225

U

Ulmus americana 'Pendula' / 193
Ulmus davidiana / 194
Ulmus davidiana var. *japonica* / 195
Ulmus densa / 196
Ulmus glaucescens / 197
Ulmus laciniata / 200
Ulmus pumila / 198

Ulmus pumila 'Chuizhi Jinye' / 198
Ulmus pumila 'Jinye' / 198
Ulmus pumila 'Tenue' / 198

V

Viburnum betulifolium / 275
Viburnum farreri / 276
Viburnum glomeratum / 277
Viburnum mongolicum / 278
Viburnum opulus subsp. *calvescens* / 279
Vitis vinifera / 041

W

Weigela florida 'Red Prince' / 273

X

Xanthoceras sorbifolium / 219

Y

Yulania denudata / 018

Z

Zanthoxylum bungeanum / 222
Ziziphus jujuba / 191